海上风电工程安质环管理丛书

海上风电工程隐患排查指引

中广核工程有限公司　组编

中国电力出版社
CHINA ELECTRIC POWER PRESS

内容提要

每天排查的隐患很多，为什么还出现隐藏后果严重的未遂事件？排查出的隐患大多数为文明施工类，不整改好像也不会有问题？现场的痛点到底在哪里？

这些疑问是每一位从业者经常思考的，持续困扰着安全管理工作。

中广核工程有限公司对隐患排查数据进行趋势分析，发现排查出的隐患数据与现场主要风险不匹配，隐患排查的目的性不强，隐患排查的质量不高，其根本原因为缺少隐患排查指引。

中广核工程有限公司始终坚持“务必千方百计消除隐患”，始终坚持以风险辨识为基础的隐患排查为出发点，立足于合法合规，结合海上风电工程主要风险，形成涵盖检查标准、典型隐患图片、正确做法、隐患处置措施的隐患排查指引，汇编为《海上风电工程隐患排查指引》。全书共包含通用部分、海上施工、起重吊装、陆上施工共四章，基本覆盖海上风电工程主要风险，期望能够为同行业的兄弟单位提供帮助。

图书在版编目（CIP）数据

海上风电工程隐患排查指引/中广核工程有限公司组编．—北京：中国电力出版社，2023.9

（海上风电工程安质环管理丛书）

ISBN 978-7-5198-8038-5

Ⅰ．①海…　Ⅱ．①中…　Ⅲ．①海上－风力发电－电力工程－安全管理　Ⅳ．①TM62

中国国家版本馆 CIP 数据核字（2023）第 143228 号

出版发行：中国电力出版社
地　　址：北京市东城区北京站西街 19 号（邮政编码 100005）
网　　址：http://www.cepp.sgcc.com.cn
责任编辑：孙建英（010-63412369）
责任校对：黄　蓓　朱丽芳
装帧设计：赵姗姗
责任印制：吴　迪

印　　刷：三河市万龙印装有限公司
版　　次：2023 年 9 月第一版
印　　次：2023 年 9 月北京第一次印刷
开　　本：787 毫米×1092 毫米　16 开本
印　　张：10.25
字　　数：225 千字
印　　数：0001—1000 册
定　　价：130.00 元

丛书编委会

主　　任　郝　坚

副 主 任　宁小平　乔恩举　杨亚璋

委　　员　秦雁枫　张　征　顾海明　冯春平　刘以亮

　　　　　张新明　陈晓义　魏　鹏　高　伟　司马星

本书编写组

主　　编　张新明

副 主 编　王　硕

参编人员（按姓氏笔画为序）

王　东　李　昕　李　雷　张四军　林晓东

胡秀坤　段宗辉　徐民杰　高章玉　彭小方

审核人员（按姓氏笔画为序）

丁　毅　任伊秋　刘安云　刘　军　刘　青

孙　斌　苏　成　苏　磊　杨国辉　谷世航

沈传伟　尚会刚　易宇航　胡　安　柳　强

聂　鹏　贾真庸　钱　舟　葛荣礼　韩书印

翟巴菁

前言

党的二十大报告指出，要积极稳妥推进碳达峰碳中和，深入推进能源革命，加快规划建设新型能源体系，加强能源产供储销体系建设，确保能源安全。这些重大战略部署为以核电、风电为代表的清洁能源获得长期稳定的发展机遇提供了更加广阔的政策前景。而海上风电作为近年来快速兴起的风电技术形式，其资源丰富、发电利用小时高、不占用土地和适宜大规模开发等特点，在较短的时间内得到了地方政府的高度关注和青睐，也成为电力企业竞相争夺的热点领域，在过去的五年取得了爆发式的发展，累计装机容量达到3051万kW，为我国能源清洁绿色低碳转型做出了突出贡献。

同时我们也看到，海上风电工程是在多变的海洋气象条件下，以各类工程船舶为施工作业平台，进行高频率的大吨位吊装作业、高频次的潜水作业、高频数的自升式平台桩腿插拔作业等多种高风险作业叠加的海洋工程。未来海上风电建设走向深水远海是必然趋势，技术更新迭代快、风机大型化给工程建设和安质环管理带来更加严峻的挑战。但相关单位作业风险管控经验不足，行业内可借鉴的管理经验有限。在这样的背景下，建设一套适用于海上风电工程的安质环管理体系，促进海上风电工程业务健康、安全、高质量发展，具有较强的现实意义和社会价值。

中广核工程有限公司是中国广核集团旗下从事以核电为主的工程建设管理专业化公司，是我国第一家核电建设管理专业化AE公司。自成立以来，始终坚持“安全第一、质量第一、追求卓越”的基本原则，立足于核电工程建设，并积极拓展海上风电等高端复杂系统工程建设，建立形成了一整套基于核安全的安质环管理体系。公司自2018年进入海上风电业务以来，全面借鉴核电工程现场安质环管理经验和核电工程国际标杆建设良好实践，并结合海上风电工程特点，深入落实五部委“关于加强海上风电项目安全风险防控工作的意见”，深入践行“严慎细实”工作作风，对标先进、主动谋划，形成以风险管理为核心并具有中广核特色实践经验的海上风电工程安质环管理体系。

我们将五年来在海上风电工程建设中不断探索、总结、积累的实践、经验与成果汇编整理成《海上风电工程安质环管理丛书》，从根本上解决了参建单位要求不一、执行不一的难题，取得了良好的安质环业绩，为海上风电工程的安质环管理提供中广核解决方案，为海上风电行业提供了可借鉴的管理经验。

本丛书共分为五个分册，其中《海上风电工程一站式安健环管控指引》是风险分级管控的具象化体现，以海上风电工程总承包方的视角系统性介绍如何实施安健环管控；《海上风电工程隐患排查指引》系统性汇编了主要风险对应的隐患排查表，严格落实重大安全风险“一票否决”制度，树立“隐患就是事故”的观念，各参建单位可直接参考并应用于现场隐患排查和治理；《海上风电工程质量管控指引》包含了设计、采购、施工、调试等各阶段质量管控要求，可用于指导现场质量管控活动；《海上风电工程现场标准化图集》规范了施工现场安全管理标准化，进而推动海上风电建设产业链各单位安全生产管理的规范化和标准化进程，有利于各参建单位统一认识、统一标准、统一行动；《海上风电工程风险源辨识指引》明确了现场施工作业活动的风险源和管控措施，践行施工工序与安全工序相融合的理念，各参建单位可对照后应用于现场风险管控。

为更好地服务海上风电产业安全健康发展，现将本丛书付梓出版，因项目各有特点，难免挂一漏万，不当之处敬请各位同行专家批评斧正。

中广核工程有限公司将始终坚持以习近平新时代中国特色社会主义思想为指导，统筹发展与安全，坚持“人民至上、生命至上”，始终坚持“安全质量是立身之本”，坚持以躬身入局的政治担当、以命运与共的社会责任，持续完善具有中广核特色的海上风电工程安质环管理体系，为我国海上风电安质环管理和高质量发展贡献绵薄之力。

董事长

2023 年 6 月 20 日

目　录

第 1 章

通 用 部 分

1.1 安全带隐患排查

根据 GB 6095—2021《坠落防护　安全带》、GB/T 23468—2009《坠落防护装备安全使用规范》编制下述检查标准，见表 1-1。

表 1-1　　　　安全带隐患排查表

序号	检 查 标 准	处 置 措 施
一、入场检查		
1	购入坠落防护装备时，应检查其是否具有由国家授权的检验机构出具的产品检验报告，并查验产品标识是否齐全，应检查下列内容是否完整、正确并记录、存档： （1）产品合格证； （2）产品名称； （3）产品规格型号； （4）生产单位名称、地址； （5）生产日期； （6）有效期限； （7）国家有关部门规定的标志、编号。 ［GB/T 23468—2009 8.1］	现场检查，不符合要求的督促承包商进行更换
2	使用旧的坠落防护装备时，应检查核对产品生产日期，确认其仍在有效使用期内。［GB/T 23468—2009 8.2］	已超出有效使用期限的坠落防护装备，不得继续使用，不得入场，更换坠落防护装备
二、外观检查		
1	（1）安全带中使用的零部件应圆滑，不应有锋利边缘，与织带接触的部分应采用圆角过渡。［GB 6095—2021 5.1.1］ （2）安全带中使用的金属环类零件不应使用焊接件，不应留有开口。［GB 6095—2021 5.1.8］包含未展开缓冲器的坠落宜贯安全绳长度应小于等于 2m。［GB 6095—2021 5.3.3.2］	如在承包商安全带入场检查中发现上述问题，说明所采购的安全带不符合国标要

续表

<table>
<tr><th>序号</th><th>检 查 标 准</th><th>处 置 措 施</th></tr>
<tr><td>1</td><td>（3）安全绳（包括未展开的缓冲器）有效长度不应大于 2m，有两根安全绳（包括未展开的缓冲器）的安全带，其单根有效长度不应大于 1.2m。[GB 6095—2021 5.1.3.5]
（4）织带和绳的端头在缝纫或编花前应经燎烫处理，不应留有散丝。[GB 6095—2021 5.1.3.8]
（5）织带折头连接应使用线缝，不应使用铆钉、胶粘、热合等工艺。[GB 6095—2021 5.1.3.9]</td><td>求，督促承包商限期更换。问题安全带不得用于现场</td></tr>
<tr><td colspan="3">常见隐患：
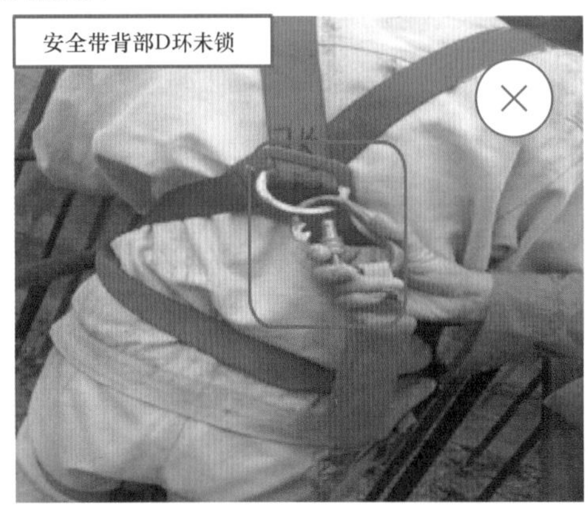

标准图示：

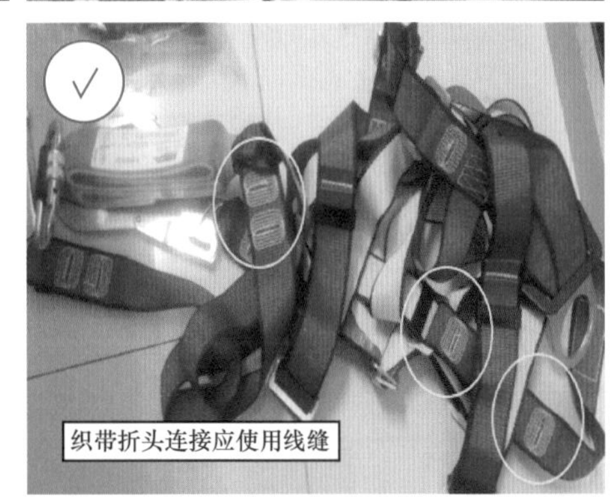
</td></tr>
<tr><td colspan="3">三、选配与使用</td></tr>
<tr><td>1</td><td>在距坠落高度基准面 2m 及 2m 以上，有发生坠落危险的场所作业，对个人进行坠落防护时，应使用坠落悬挂安全带或区域限制安全带。[GB/T 23468—2009 4.1.1]</td><td>现场未使用安全带或安全带选配错误，应立即停止作业，待正确佩戴合格安全带后方可继续作业</td></tr>
<tr><td>2</td><td>（1）使用坠落悬挂安全带时，应根据使用者下方的安全空间大小选择具有适宜伸展长度的安全带，应保证发生坠落时，坠落者不会碰撞到任何物体。[GB/T 23468—2009 5.2.1.6]
（2）安装挂点装置时，如使用的是水平柔性导轨，则在确定安</td><td>如现场发现下落安全空间无法达到安全要求，或区域限制安全带无法满足安全要求时，应立即停止施工作业，进行包括提高水平柔性导轨高度、调整安全绳长度等整改措施后，方可继续开展施</td></tr>
</table>

续表

<table>
<tr><th>序号</th><th>检 查 标 准</th><th>处 置 措 施</th></tr>
<tr><td>2</td><td>全空间的大小时应充分考虑发生坠落时导轨的变形。[GB/T 23468—2009 5.2.1.7]
（3）使用区域限制安全带时，其安全绳的长度应保证使用者不会到达可能发生坠落的位置，并在此基础上具有足够的长度，能够满足工作的需要。[GB/T 23468—2009 5.2.1.8]</td><td>工作业。
注：目前购买的安全带多为有效坠落高度为 5m 及以上，在 2～5m 高度的作业平台上使用时，请隔离缓冲包使用。否则缓冲包打开，人员会坠落到地上，起不到防护作用</td></tr>
<tr><td colspan="3">常见隐患：

</td></tr>
<tr><td>3</td><td>使用安全带前应检查各部位是否完好无损，安全绳、系带有无撕裂、开线、霉变，金属配件是否有裂纹、是否有腐蚀现象，弹簧弹跳性是否良好，以及其他影响安全带性能的缺陷。[GB/T 23468—2009 5.2.2.1]</td><td>现场如发现存在影响安全带强度和使用功能的缺陷，则应立即更换</td></tr>
<tr><td>4</td><td>安全带应拴挂于牢固的构件或物体上，应防止挂点摆动或碰撞；[GB/T 23468—2009 5.2.2.2]
使用坠落悬挂安全带时，挂点应位于工作面上方（高挂低用）。[GB/T 23468—2009 5.2.2.3]</td><td>现场检查如遇挂点选用不当或者未执行“高挂低用”，应停止作业，重新选取符合国标要求的挂点后方可继续施工作业</td></tr>
<tr><td colspan="3">常见隐患：

</td></tr>
</table>

续表

序号	检查标准	处置措施
5	安全绳与系带不能打结使用；[GB/T 23468—2009 5.2.2.4] 使用时，不应随意拆除安全带各部件。[GB/T 23468—2009 5.2.2.9]	现场如遇打结、需临时停止作业，将打结部分伸展开； 现场如遇安全带各部件被拆除，需临时停止作业，补充安装部件或更换新合格安全带后继续作业
四、保管与检验		
1	安全带不使用时，应由专人保管。存放时，不应接触高温、明火、强酸、强碱或尖锐物体，不应存放在潮湿的地方。[GB/T 23468—2009 5.2.3.1]	主要检查存放环境是否满足要求。暂时不对专人保管进行要求
2	区域限制安全带应在制造商规定的期限内使用，一般不超过5年；[GB/T 23468—2009 6.2] 坠落悬挂安全带应在制造商规定的期限内使用，一般不超过5年，如发生坠落事故，则应由专人进行检查，如有影响性能的损伤，则应立即更换。[GB/T 23468—2009 6.3]	检查承包商是否使用超出使用期限的安全带，如有，需更换并做报废处理
3	坠落悬挂安全带自购买之日起 2 年内应从统一批次中随机抽取 2 条按 GB 6095 要求进行动态力学性能测试以及静态力学性能测试，如不合格，则停止使用该批次安全带。此后每年进行一次抽检。[GB/T 23468—2009 7.1.1]	验证承包商是否按照此标准执行。此条仅作记录，暂时不做强制性要求

1.2 安全网隐患排查

根据 GB 5725—2009《安全网》、GB/T 23468—2009《坠落防护装备安全使用规范》编制下述检查标准，见表 1-2。

表 1-2　　安全网隐患排查表

序号	检查标准	处置措施
一、外观检查		
1	平（立）网上所用的网绳、边绳、系绳、筋绳均由不小于3股单绳编制。绳头部分应经过编花、燎烫等处理，不应散开。[GB 5725—2009 5.3.1]	如发现外观缺陷，需进行维护或更换合格安全网
2	密目式安全立网： （1）缝线不应有跳针、漏缝，缝边应均匀；[GB 5725—2009 5.2.1.1] （2）网体上不应有断纱、破洞、变形及有碍使用的编织缺陷；[GB 5725—2009 5.2.1.3] （3）各边缘部位的开眼环扣应牢固可靠。[GB 5725—2009 5.2.1.4]	如发现外观缺陷，需更换合格安全网

续表

序号	检 查 标 准	处 置 措 施
二、安装与使用		
1	（1）安全网的安装位置应尽可能远离高压线缆、塔吊及其他移动机械，并远离焊接作业、喷灯、烟囱、锅炉、热力管道等热源。［GB/T 23468—2009 5.3.1.2］ （2）安全网的安装平面应易于到达，便于安全网的检查、清理、维修、更换以及对坠落者进行救援；［GB/T 23468—2009 5.3.1.3］ （3）平网的安装平面应尽可能地靠近工作平面；［GB/T 23468—2009 5.3.1.4］ （4）立网、密目网的安装平面应垂直于水平面，严禁作为平网使用；［GB/T 23468—2009 5.3.1.5］ （5）安全网网面不宜绷得过紧或过松，网边与作业边缘最大间隙不应超过 10cm；［GB/T 23468—2009 5.3.1.7］ （6）安装平网时，其初始下垂不应超过短边长度的 10%；［GB/T 23468—2009 5.3.1.8］ （7）安装好的安全网应经专人检查、验收合格后，方可使用。［GB/T 23468—2009 5.3.1.11］	发现缺陷，酌情要求承包商进行限期整改
2	（1）立网或密目网拴挂好后，人员不应依靠在网上或将物品堆积靠压立网或密目网；［GB/T 23468—2009 5.3.2.1］ （2）平网不应用作堆放物品的场所，也不应作为人员通道，作业人员不应在平网上站立或行走；［GB/T 23468—2009 5.3.2.2］ （3）焊接作业应尽量远离安全网，应避免焊接火花落入网中；［GB/T 23468—2009 5.3.2.4］ （4）应及时清理安全网上的落物，当安全网受到较大冲击后应及时更换；［GB/T 23468—2009 5.3.2.5］ （5）平网下方的安全区域内不应堆放物品，平网上方有人工作时，人员、车辆、机械不应进入此区域。［GB/T 23468—2009 5.3.2.6］	如在现场检查中发现上述缺陷，需停止相关作业或违章行为，整改相关缺陷，必要时需更换安全网
三、维护与检验		
1	对使用中的安全网，应由专人每周进行一次现场检查，并对检查情况进行记录，如发现下列问题，则视情况严重程度立即对安全网进行修理或更换：［GB/T 23468—2009 5.3.3.1］ （1）网体、网绳及支撑框架是否有严重变形或磨损； （2）安全网是否承接过坠落或其他形式的负载（通常表现为网的局部变形）； （3）所有挂点装置是否完好且工作正常，有无系绳松脱等现象； （4）网上是否有碎物或附着物，如有，是否对安全网造成损伤； （5）安全网是否发生霉变； （6）网上是否有破洞或者绳断裂现象	检查安全网现场状态，督促承包商按照要求落实
2	对于不使用的安全网，应由专人保管、储存，储存要求如下： 通风、避免阳光直射； 储存于干燥环境； 不应在热源附近储存； 避免接触腐蚀性物质或化学品，如酸、染色剂、有机溶剂、汽油等。 ［GB/T 23468—2009 5.3.3.5］	检查安全网存放环境，如不符合请承包商限期整改。对专人保管、储存，暂时不做要求，仅做记录

续表

序号	检 查 标 准	处 置 措 施
3	平网、立网应在制造商规定的期限内使用，一般不超过 3 年，如发生人员坠落事故，或质量大于 50kg 的物体坠落事故，则应立即更换。[GB/T 23468—2009 6.4] 密目网应在制造商规定的期限内使用，一般不超过 2 年，如发生人员坠落事故，或质量大于 50kg 的物体坠落事故，则应立即更换。[GB/T 23468—2009 6.5]	检查承包商是否使用超出使用期限的安全网，如有，需更换并做报废处理
4	平网、立网自购买之日起 2 年内应从同一批次中随机抽取 2 张按 GB 5725 要求进行抗冲击性能测试以及静态力学性能测试，如不合格，则停止使用该批次安全网。此后每年进行一次抽检。[GB/T 23468—2009 7.2.1] 密目网应每年从同一批次中随机抽取 2 张按 GB 5725 要求进行抗冲击性能测试以及阻燃性能测试，如不合格，则停止使用该批次安全密目网。[GB/T 23468—2009 7.2.2]	验证承包商是否按照此标准执行，仅作记录，暂时不做硬性要求

1.3 安全帽隐患排查

根据 GB 2811—2019《头部防护　安全帽》编制下述检查标准，见表 1-3。

表 1-3　　安全帽隐患排查表

序号	检 查 标 准	处 置 措 施
一、安全帽		
1	每顶安全帽应有刻印、缝制、铆固标牌、模压或注塑在帽壳上的永久性标志永久标识，必须包括： （1）本标准编号； （2）制造厂名； （3）生产日期（年、月）； （4）产品名称（由生产厂命名）； （5）产品的特殊技术性能（如果有）。 [GB 2811—2007 6.1]	对于安全帽已过使用期以及能够用手直接压扁的安全帽，要求承包商立即更换
常见隐患：		

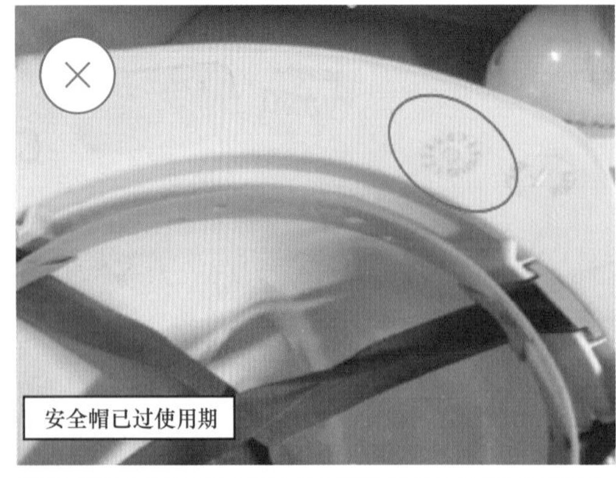

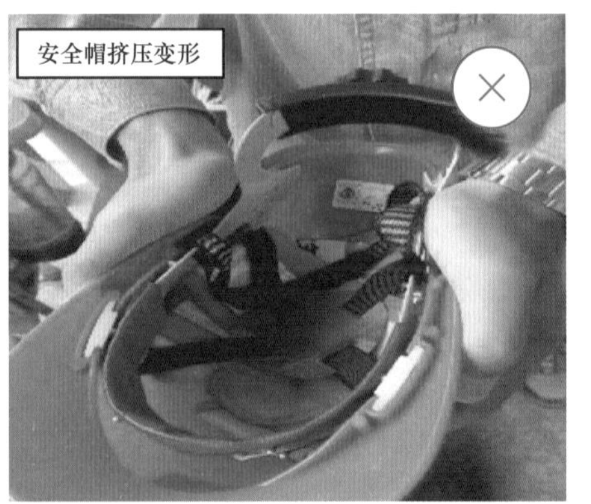

1.4 交流电焊机隐患排查

根据 JGJ 160—2016《施工现场机械设备检查技术规范》编制下述检查标准，见表 1-4。

表 1-4　　交流电焊机隐患排查表

序号	检 查 标 准	处 置 措 施
1	分级变阻器应符合下列规定： （1）变阻器各触点不应烧损，接触应良好，滑动触点转动应灵活有效。 （2）输入线和输出线的接线板应完好，接线柱不应烧损和松动，接头垫圈应齐全	停止施工并整改
2	换向器应符合下列规定： （1）刷盒位置调整应适当，不应锈蚀，刷盒应离开换向器表面 2～3mm。 （2）电刷与换向器接触应良好，位置调整应适度。 （3）电刷滑移应灵活无阻，磨损不应超过原厚度的 2/3	停止施工并整改
3	安全防护应符合下列规定： （1）各线路均应绝缘良好，输入线应符合接电要求，输出线断面应大于输入线断面的 40%以上。 （2）接地电阻值不应大于 4Ω。 （3）接线板护罩和开关的消弧罩应完整	停止施工并整改

1.5 配电箱、开关箱隐患排查

根据 JGJ 59—2011《建筑施工安全检查标准》、JGJ 46—2005《施工现场临时用电安全技术规范》等编制下述检查标准，见表 1-5。

表 1-5　　配电箱、开关箱隐患排查表

序号	检 查 标 准	处 置 措 施
一、配电箱及开关箱		
1	配电系统应设置配电柜或总配电箱、分配电箱、开关箱，实行三级配电。［JGJ 46—2005 8.1.1］	暂停使用，整改满足三级配电、二级漏保要求
2	**每台用电设备必须有各自专用的开关箱，严禁用同一个开关箱直接控制 2 台及 2 台以上用电设备（含插座）**。即“一机、一闸、一漏、一箱”。［JGJ 46—2005 8.1.3 强制性条文］	暂停使用，整改落实“一机、一闸、一漏、一箱”要求

续表

序号	检 查 标 准	处 置 措 施
3	动力配电箱与照明配电箱宜分别设置。当合并设置为同一配电箱时，动力和照明应分路配电；动力开关箱与照明开关箱必须分设。[JGJ 46—2005 8.1.4]	整改满足动力电源与照明电源分设要求
4	配电箱、开关箱应装设在干燥、通风及常温场所，不得装设在有严重损伤作用的瓦斯、烟气、潮气及其他有害介质中，亦不得装设在易受外来固体物撞击、强烈振动、液体浸溅及热源烘烤场所。[JGJ 46—2005 8.1.5]	暂停使用，清除相关影响或做防护处理
5	配电箱、开关箱周围应有足够 2 人同时工作的空间和通道，不得堆放任何妨碍操作、维修的物品，不得有灌木、杂草。[JGJ 46—2005 8.1.6]	清理通道与空间，清除灌木与杂草
6	配电箱、开关箱应采用冷轧钢板或阻燃绝缘材料制作，钢板厚度应为 1.2～2.0mm，其中开关箱箱体钢板厚度不得小于 1.2mm，配电箱箱体钢板厚度不得小于 1.5mm，箱体表面应做防腐处理。[JGJ 46—2005 8.1.7]	更换符合标准的配电箱、开关箱
7	配电箱、开关箱内的电器（含插座）应先安装在金属或非木质阻燃绝缘电器安装板上，然后方可整体紧固在配电箱。开关箱箱体内，金属电器安装板与金属箱体应做电气连接。[JGJ 46—2005 8.1.9]	更换满足要求的电器安装板，并做好电气连接
8	**配电箱的电器安装板上必须分设 N 线端子板和 PE 线端子板。N 线端子板必须与金属电器安装板绝缘；PE 线端子板必须与金属电器安装板做电气连接。** **进出线中的 N 线必须通过 N 线端子板连接；PE 线必须通过 PE 线端子板连接。**[JGJ 46—2005 8.1.11 强制性条文]	暂停使用，整改满足连接要求
9	配电箱、开关箱内的连接线必须采用铜芯绝缘导线。导线绝缘的颜色标志应按本规范第 5.1.11 条要求配置并排列整齐；导线分支接头不得采用螺栓压接，应采用焊接并做绝缘包扎，不得有外露带电部分。[JGJ 46—2005 8.1.12] 注：第 5.1.11 条文： 相线、N 线、PE 线的颜色标记必须符合以下规定：相线 L1（A）、L2（B）、L1（C）相序的绝缘颜色依次为黄、绿、红色；N 线的绝缘颜色为淡蓝色；PE 线的绝缘颜色为绿/黄双色。任何情况下上述颜色标记严禁混用和互相代用	暂停使用，更换符合标准要求的导线
10	配电箱、开关箱的金属箱体、金属电器安装报板以及电器正常不带电的金属底座、外壳等必须通过 PE 线端子板与 PE 线做电气连接，金属箱门与金属箱体必须通过采用编织软铜线做电气连接。[JGJ 46—2005 8.1.13]	暂停使用，做好满足要求的电气连接
11	配电箱、开关箱中导线的进线口和出线口应设在箱体的下底面。[JGJ 46—2005 8.1.15]	暂停使用，调整进出线口
12	配电箱、开关箱的进、出线口应配置固定线卡，进出线应加绝缘护套并成束卡固在箱体上，不得与箱体直接接触。移动式配电箱、开关箱的进、出线应采用橡皮护套绝缘电缆，不得有接头。[JGJ 46—2005 8.1.16]	暂停使用，增加绝缘护套或橡皮套

续表

序号	检 查 标 准	处 置 措 施
13	配电箱、开关箱外形结构应能防雨、防尘。[JGJ 46—2005 8.1.17]	更换满足防护要求的配电箱、开关箱
二、电气装置的选择		
1	配电箱、开关箱内的电器必须可靠、完好，严禁使用破损、不合格的电器。[JGJ 46—2005 8.2.1]	更换符合要求的电器
2	分配电箱应装设总隔离开关、分路隔离开关以及总断路器、分路断路器或总熔断器、分路熔断器。[JGJ 46—2005 8.2.4] 开关箱必须装设隔离开关、断路器或熔断器，以及漏电保护器。当漏电保护器是同时具有短路、过载、漏电保护功能的漏电断路器时，可不装设断路器或熔断器。[JGJ 46—2005 8.2.5]	分配箱、开关箱装设满足要求的电器开关
3	漏电保护器时装设在总配电箱、开关箱靠近负荷的一侧，且不得用于启动电气设备的操作。[JGJ 46—2005 8.2.8]	暂停使用，调整漏电保护器位置
4	**开关箱中漏电保护器的额定漏电动作电流不应大于 30mA，额定漏电动作时间不应大于 0.1s。** **使用于潮湿或有腐蚀介质场所的漏电保护器应采用防溅型产品，其额定漏电动作电流不应大于 15mA，额定漏电动作时间不应大于 0.1s。**[JGJ 46—2005 8.2.10 强制性条文]	暂停使用，选择满足要求的漏电动作电流、漏电动作时间
5	**总配电箱中漏电保护器的额定漏电动作电流应大于 30mA，额定漏电动作时间应大于 0.1s，但其额定漏电动作电流与额定漏电动作时间的乘积不应大于 30mA·s。**[JGJ 46—2005 8.2.11 强制性条文]	暂停使用，选择满足要求的漏电动作电流、漏电动作时间
6	**配电箱、开关箱的电源进线端严禁采用插头和插座做活动连接。**[JGJ 46—2005 8.2.15 强制性条文]	暂停使用，调整电源线进线连接
三、使用与维护		
1	配电箱、开关箱应有名称、用途、分路标记及系统接线图。[JGJ 46—2005 8.3.1]	增加相关标识与图纸
2	配电箱、开关箱箱门应配锁，并应由专人负责。[JGJ 46—2005 8.3.2]	上锁，设专人负责
3	配电箱、开关箱应定期检查、维修。检查、维修人员必须是专业电工；检查、维修时必须按规定穿、戴绝缘鞋。手套，必须使用电工绝缘工具，并应做检查、维修工作记录。[JGJ 46—2005 8.3.3]	
4	**对配电箱、开关箱进行定期维修、检查时，必须将其前一级相应的电源隔离开关分闸断电，并悬挂“禁止合闸、有人工作”停电标志牌，严禁带电作业。**[JGJ 46—2005 8.3.4 强制性条文]	停止维修、检查作业，确认前一级电源分闸断电，并悬挂“禁止合闸、有人工作”停电标志牌
5	配电箱、外关箱必须按照下列顺序操作： 1　送电操作顺序为：总配电箱→分配电箱→开关箱； 2　停电操作顺序为：开关箱→分配电箱→总配电箱。 但出现电气故障的紧急情况可除外。[JGJ 46—2005 8.3.5]	纠正操作人员错误操作顺序

续表

序号	检 查 标 准	处 置 措 施
6	施工现场停止作业1小时以上时，应将动力开关箱断电上锁。[JGJ 46—2005 8.3.6]	开关箱断电上锁
7	开关箱的操作人员必须符合本规范第3.2.3条规定。[JGJ 46—2005 8.3.7] 注：第3.2.3条文内容： 各类用电人员应掌握安全用电基本知识和所用设备的性能，并应符合下列规定： 1 使用电气设备前必须按规定穿戴和配备好相应的劳动防护用品，并应检查电气装置和保护设施，严禁设备带“缺陷”运转； 2 保管和维护所用设备，发现问题及时报告解决； 3 暂时停用设备的开关箱必须分断电源隔离开关，并应关门上锁； 4 移动电气设备时，必须经电工切断电源并做妥善处理后进行	检查操作人员资质，要求其按规范操作
8	配电箱、开关箱内不得放置任何杂物，并应保持整洁。[JGJ 46—2005 8.3.8]	清洁配电箱、开关箱
9	配电箱、开关箱内不得随意挂接其他用电设备。[JGJ 46—2005 8.3.9]	拆除随意拉接的其他用电设备
10	配电箱、开关箱内的电器配置和接线严禁随意改动。[JGJ 46—2005 8.3.10]	制止改动电器配置和接线行为，并恢复
11	配电箱、开关箱的进线和出线严禁承受外力，严禁与金属尖锐断口、强腐蚀介质和易燃易爆物接触。[JGJ 46—2005 8.3.11]	调整进线或出线，避免承受外力；避免进出线与金属尖锐断口、强腐蚀介质和易燃易爆物接触

1.6 电动磨光机、切割机隐患排查

根据JGJ 59—2011《建筑施工安全检查标准》、JGJ 46—2005《施工现场临时用电安全技术规范》、JGJ 33—2012《建筑机械使用安全技术规程》等编制下述检查标准，见表1-6。

表1-6　　电动磨光机、切割机隐患排查表

序号	检 查 标 准	处 置 措 施
一、一般要求		
1	使用手持电动工具时，必须按规定穿、戴绝缘防护用品。[JGJ 46—2005 9.6.6] 使用磨削机械时，必须佩戴防护面罩	暂停作业，穿戴正确的安全防护用品后方可继续作业

续表

序号	检查标准	处置措施
2	在一般作业场所应使用Ⅰ类电动工具；在潮湿作业场所或金属构架上等导电性能良好的作业场所应使用Ⅱ类电动工具；在锅炉、金属容器、管道内等作业场所应使用Ⅲ类电动工具；Ⅱ、Ⅲ类电动工具开关箱、电源转换器必须在作业场所外面；在狭窄作业场所操作时，应有专人监护。[JGJ 33—2012 13.22.3]	暂停作业，根据作业环境更换符合要求的手持电动工具
3	手持电动工具的电源线应保持出厂状态，不得接长使用。[JGJ 59—2011 3.19.3]	暂停作业，更换手持电动磨光机
4	作业前应重点检查以下项目，并符合下列要求： （1）外壳、手柄不出现裂缝、破损； （2）电缆软线及插头等完好无损，保护接零连接正确牢固可靠，开关动作应正常； （3）各部防护罩装置应齐全牢固。 [JGJ 33—2012 13.22.8]	暂停作业，安装防护罩及手柄，或更换符合要求的手持磨光机
5	机具启动后，应空载运转，检查并确认机具转动应灵活无阻。作业时，加力应平稳。[JGJ 33—2012 13.22.9]	
6	作业中，不得用手触摸刃具、模具和砂轮，发现其有磨钝、破损情况时，应立即停机修整或更换。[JGJ 33—2012 13.22.11]	
7	停止作业时，应关闭电动工具，切断电源，并收好工具。[JGJ 33—2012 13.22.12]	切断电源
二、角向磨光机		
1	砂轮应选用增强纤维树脂型，其安全线速度不得小于80m/s。配用的电缆与插头应具有加强绝缘性能，并不得任意更换。[JGJ 33—2012 13.22.14]	更换符合要求的砂轮片
2	磨削作业时，应使砂轮与工件面保持15°～30°的倾斜位置；切削作业时，砂轮不得倾斜，并不得横向摆动。[JGJ 33—2012 13.22.14]	暂停作业，纠正作业人员错误动作，必要时要求作业人员对磨光机操作重新进行培训

第2章

海上施工

2.1 船舶隐患排查

船舶隐患排查见表2-1。

表2-1　　船舶隐患排查表

序号	检 查 标 准	处 置 措 施
一、证书、文书资料检查		
1	50总吨及以上各类机动船舶以及其他水上移动装置是否取得中华人民共和国国籍证书： （1）《国籍证书》是否随船携带。 （2）《国籍证书》有效期5年，是否过期。 （3）《国籍证书》中登记的数据与《船舶检验证书簿》标明的数据是否一致	严禁进入海上风电工程现场施工
2	现场核查船舶是否按照标准定额配备足以保证船舶安全的合格船员。[《中华人民共和国海上交通安全法》第三章　船舶、设施上的人员　第六条] 检查标准： （1）满足船舶最低配员要求。 （2）检查所配船员是否与入场报审船员资质和人员保持一致。 （3）船员男性年龄控制在65周岁以下，女性年龄控制在60岁以下。[《中华人民共和国海船船员适任考试、评估和发证规则》第四条] （4）适任证书持有人应当在适任证书适用范围内担任职务或者担任低于适任证书适用范围的职务。但担任值班水手或值班机工职务的船员必须持有值班水手或值班机工适任证书。[《中华人民共和国海船船员适任考试、评估和发证规则》第六条] （5）适任证书的有效期不超过5年。[《中华人民共和国海船船员适任考试、评估和发证规则》第七条] （6）查阅船员档案，了解船员经历和适任证书取得情况。 （7）检查船舶最低安全配员证书。[《中华人民共和国船舶最低安全配员规则》第十五条　船舶在航行、停泊、作业时，必须将《船舶最低安全配员证书》妥善存放在船备查。]	停工整改

续表

序号	检 查 标 准	处 置 措 施

图示：

船舶最低安全配员证书

（沿 海 船 舶）

根据《中华人民共和国船舶最低安全配员规则》的规定签发。

船舶识别号：CN20217998479

船 名	船舶登记号码	船籍港	呼 号	IMO编号
宝翔99	170021000183	连云港	--	--
船舶种类	总 吨	主机功率	机舱自动化程度	载客定额
交通艇	388	200.0	非自动化	0
航行区域	与船舶检验证书一致。			

此船航行时，船舶配员只要不低于以下表中所列出的数目、等级，即符合安全配员的要求。

级 别/职 务	证 书(STCW规定)	人 数	级 别/职 务	证 书(STCW规定)	人 数
船长	II/3	1	轮机长	—	—
大副	—	—	大管轮	—	—
二副	II/3	1	二管轮	—	—
三副	II/3	1	三管轮	—	—
驾驶员/驾机员	—	—	轮机员	—	1
值班水手	II/4	2	值班机工	III/4	1
客运部人员	—	—	兼职GMDSS限用操作员	—	—
GMDSS通用操作员	IV/2	一名专职或两名兼职操作员	专职GMDSS无线电电子员	—	—

特殊要求或条件：
若该轮连续航行时间不超过24小时，可减免二副1人；若该轮在港口水域附近从事交通运输作业，连续航行时间不超过4小时，可再减免三副、值班水手、值班机工各1人。

本证书有效期自 2021 年 07 月 27 日起至 2026 年 07 月 26 日止

序号	检 查 标 准	处 置 措 施
3	公司符合证明（DOC）与船舶安全管理证书（SMC）： （1）DOC 和 SMC 有效期是否超过 5 年零 3 个月。 （2）DOC 未进行年度审核签注。 （3）SMC 证书未进行中间审核签注。 （4）DOC 与 SMC 证书中覆盖的船种未包含公司现有的船种	存在（1）、（2）、（3）、（4）现象禁止进入海上风电项目现场作业
4	船舶法定检验证书是否齐全： （1）船舶检验证书的年度检验是否已过周年日后 3 个月。 （2）《船舶检验证书簿》标明的本船救生设备仅供总人数为×人使用，而少于实际船上配员人数。 （3）船上是否持有《海上船舶防止生活污水污染证书》《海上船舶防止空气污染证书》《起重设备检验与试验证书簿》。 （4）船舶法定检验证书是否符合规范要求，是否有缺项	存在（1）、（4）现象需停工，并请承包人正式发文答复如何处理。 存在（2）现象请承包商正式答复整改措施。 存在（3）现象严禁进入施工海域施工

图示：

适航证书有效期至 2023年06月30日 止

下次检验日期：	
年度检验	——
中间检验	2023年07月01日或者2024年07月01日
换证检验（定期检验）	2026年07月01日
船底外部检查（坞内检验）	2023年07月01日
螺旋桨/尾轴检验	2026年07月01日
锅炉检验	——

续表

序号	检 查 标 准	处 置 措 施

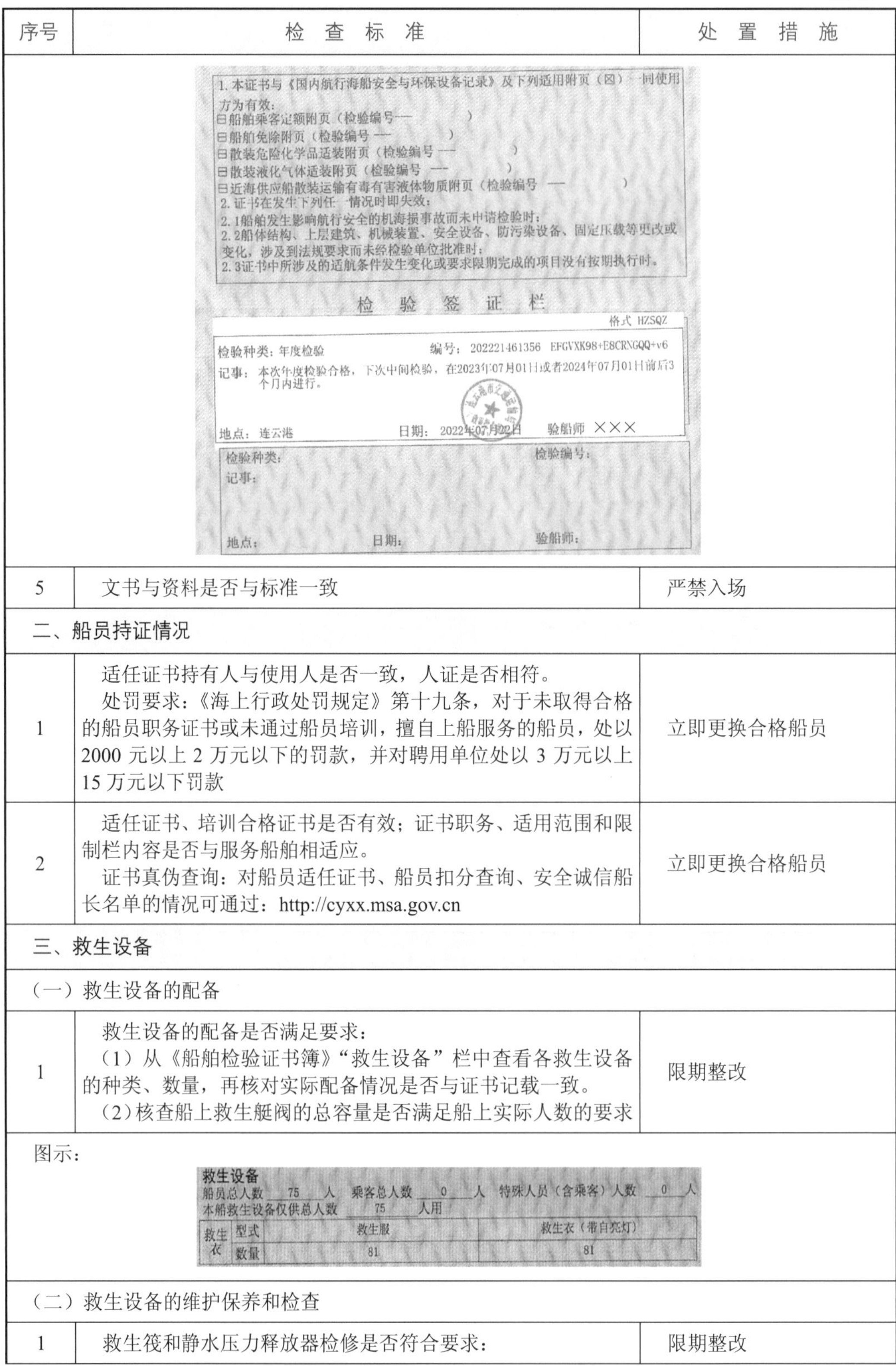

1. 本证书与《国内航行海船安全与环保设备记录》及下列适用附页（図）一同使用方为有效：

日船舶乘客定额附页（检验编号—— ）
日船舶免除附页（检验编号 —— ）
日散装危险化学品适装附页（检验编号 —— ）
日散装液化气体适装附页（检验编号 —— ）
日近海供应船散装运输有毒有害液体物质附页（检验编号 —— ）

2. 证书在发生下列任一情况时即失效：
2.1船舶发生影响航行安全的机海损事故而未申请检验时；
2.2船体结构、上层建筑、机械装置、安全设备、防污染设备、固定压载等更改或变化，涉及到法规要求而未经检验单位批准时；
2.3证书中所涉及的适航条件发生变化或要求限期完成的项目没有按期执行时。

检 验 签 证 栏

格式 HZSQZ

检验种类：年度检验　　编号：202221461356 EFGVXK98+E8CRNGQQ+v6
记事：本次年度检验合格，下次中间检验，在2023年07月01日或者2024年07月01日前后3个月内进行。
地点：连云港　　日期：2022年07月22日　　验船师 ×××

检验种类：　　检验编号：
记事：
地点：　　日期：　　验船师：

序号	检查标准	处置措施
5	文书与资料是否与标准一致	严禁入场
二、船员持证情况		
1	适任证书持有人与使用人是否一致，人证是否相符。 处罚要求：《海上行政处罚规定》第十九条，对于未取得合格的船员职务证书或未通过船员培训，擅自上船服务的船员，处以2000 元以上 2 万元以下的罚款，并对聘用单位处以 3 万元以上15 万元以下罚款	立即更换合格船员
2	适任证书、培训合格证书是否有效；证书职务、适用范围和限制栏内容是否与服务船舶相适应。 证书真伪查询：对船员适任证书、船员扣分查询、安全诚信船长名单的情况可通过：http://cyxx.msa.gov.cn	立即更换合格船员
三、救生设备		
（一）救生设备的配备		
1	救生设备的配备是否满足要求： （1）从《船舶检验证书簿》“救生设备”栏中查看各救生设备的种类、数量，再核对实际配备情况是否与证书记载一致。 （2）核查船上救生艇阀的总容量是否满足船上实际人数的要求	限期整改
图示：		

救生设备

船员总人数 75 人　乘客总人数 0 人　特殊人员（含乘客）人数 0 人
本船救生设备仅供总人数 75 人用

救生衣	型式	救生服	救生衣（带自亮灯）
	数量	81	81

序号	检查标准	处置措施
（二）救生设备的维护保养和检查		
1	救生筏和静水压力释放器检修是否符合要求：	限期整改

续表

<table>
<tr><th>序号</th><th>检 查 标 准</th><th>处 置 措 施</th></tr>
<tr><td>1</td><td>（1）气胀式救生筏和静水压力释放器均应进行间隔时间不超过12个月的定期检修。
（2）船上必须留存救生筏和静水压力释放器船用产品证书和年度检修报告。
（3）气胀式救生筏的报废年限并没有确切的规定，依据海事局下发的《救生筏报废条例》规定，由检修单位根据相关的技术标准进行强制报废处理</td><td>限期整改</td></tr>
<tr><td colspan="3">图示：
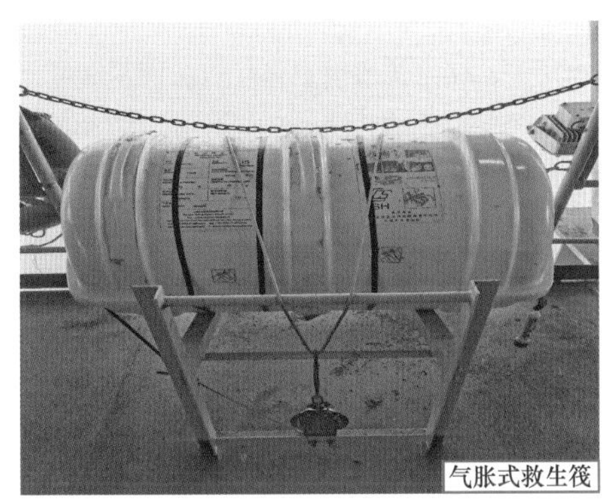
气胀式救生筏</td></tr>
<tr><td>2</td><td>救生艇的外观是否符合安全要求：
艇体无破损、开裂、变形等重大缺陷。重大缺陷不能自行处理，须由船检机构认可的救生艇厂进行修理，修理时应当申请船检机构进行附加检验，并出具检验合格报告</td><td>修理或更换，在此期间停止</td></tr>
<tr><td>3</td><td>吊艇索是否符合要求：
（1）吊艇索需要使用防旋转的钢丝绳。
（2）法规要求变质而换新，或按不超过5年的间隔期更换</td><td>限期整改</td></tr>
<tr><td>4</td><td>救生筏的存放是否满足要求：
（1）气胀阀不应设置在救生艇下方，以免妨碍放艇操作和妨碍救生筏自由漂浮要求。
（2）不允许将救生筏直接设置于正上方有妨碍其自由漂浮的建筑物，或设置在救生艇正下方，以及用绳索永久性绑扎住救生筏的情况。如果救生筏设置在两层甲板之间，应设置导向杆，以保证自由漂浮的要求</td><td>限期整改</td></tr>
<tr><td colspan="3">（三）存放、降落与回收装置</td></tr>
<tr><td>1</td><td>吊艇架是否符合安全要求：
（1）吊艇架不允许存在锈蚀、洞穿、缺口、变形。
（2）吊艇索转向滑轮基座及其钢索压板是否存在锈蚀，滑轮槽边沿是否存在缺口，滑轮是否存在锈住、卡住、变形等情况。
（3）活动零部件滑轮滑车等最大耗蚀不允许超过原尺寸10%，销轴的最大耗蚀不允许超过原直径的6%，或有裂纹、显著变形以及滑轮轮缘裂纹应予换新</td><td>限期整改</td></tr>
<tr><td colspan="3">（四）救生阀常见缺陷</td></tr>
<tr><td>1</td><td>船艏（艉）未配备救生筏</td><td>限期整改，在此期间停工</td></tr>
</table>

续表

序号	检查标准	处置措施
2	救生筏年度检修过期。 法规要求：气胀式救生筏及其静水压力释放器的年度检修过期或内部压力膜的状况较差，会导致船舶被滞留	限期整改
3	救生筏存放筒外壳破损，齿口间水密胶条脱落。 法规要求：救生筏存放外壳破损不严重的，允许船上自行修补，但要达到牢固的要求，并要求在开航前修正。存放外壳破损严重的，应送检修单位进行检修或更换新壳，会导致船舶被滞留	限期整改
4	救生筏存放筒外壳上未标注船名、船籍港、上次检修时间等	限期整改
5	救生筏易断绳烂断、缺失，使用普通绳索替代气胀阀易断绳，或未正确连接	限期整改
（五）其他救生设备		
1	救生圈（救生衣、救生服、抛绳器）配备数量、布置与《救生设备布置图》不一致	限期整改，在此期间停工
2	救生圈外壳、反光带老化、开裂，把手索老化、断裂	限期整改
四、消防设备		
（一）水灭火系统		
1	证书、文书的检查： （1）核对《船舶检验证书簿》中“水灭火系统”栏中要求配备的应急消防泵类型、型号、排量、数量等，是否与船舶实际相一致。从“发电设备”栏中主电源、应急电源的设置情况，以确定应急消防泵的驱动动力要求，如由电动机作为驱动源的，除主电源供电外，还需由应急电源或其他发电机供电。 （2）要求船上提供消防泵的船用产品证书	请承包人答复改进措施
图示：		

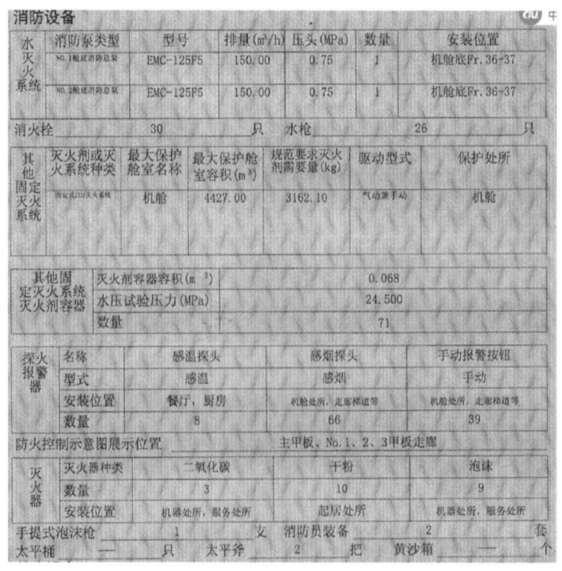

消防设备

水灭火系统	消防泵类型	型号	排量(m³/h)	压头(MPa)	数量	安装位置
	NO.1舱底消防总泵	EMC-125F5	150.00	0.75	1	机舱底Fr.36-37
	NO.2舱底消防总泵	EMC-125F5	150.00	0.75	1	机舱底Fr.36-37

消火栓 30 只 水枪 26 只

其他固定灭火系统	灭火剂或灭火系统种类	最大保护舱室名称	最大保护舱室容积(m³)	规范要求灭火剂需要量(kg)	驱动型式	保护处所
	固定式CO2灭火系统	机舱	4427.00	3162.10	气动兼手动	机舱

其他固定灭火系统灭火剂容器		
	灭火剂容器容积(m³)	0.068
	水压试验压力(MPa)	24.500
	数量	71

探火报警器	名称	感温探头	感烟探头	手动报警按钮
	型式	感温	感烟	手动
	安装位置	餐厅，厨房	机舱处所，走廊梯道等	机舱处所，走廊梯道等
	数量	8	66	39

防火控制示意图展示位置 主甲板、No.1、2、3甲板走廊

灭火器	灭火器种类	二氧化碳	干粉	泡沫
	数量	3	10	9
	安装位置	机器处所，服务处所	起居处所	机器处所，服务处所

手提式泡沫枪 1 支 消防员装备 2 套

太平桶 — 只 太平斧 2 把 黄沙箱 — 个

续表

序号	检 查 标 准	处 置 措 施
2	消防管系和泵体的检查： （1）消防管系是否存在锈蚀、洞穿、渗漏等情况。 （2）阀门、消火栓维护保养是否良好，操作灵活，有无锈死卡阻、缺损漏水等情况	限期整改
3	出水压力是否达到检验规则中相应的要求。当出水管未设置压力表或压力表失效，可以通过检查其水柱射程是否达到 12m	限期整改
（二）二氧化碳灭火系统		
1	所有二氧化碳每二年应进行称重检查，船上是否留存报告；每瓶瓶体是否张贴一张称重标签	限期整改
2	（1）二氧化碳间出入门是否向外开启。 （2）是否设置了主照明和应急照明。 （3）与主驾驶室之间是否安装了声力电话，并且通话功能正常。 （4）控制释放箱的备用钥匙是否存放于有玻璃面罩的盒子内，在盒子旁是否备有敲碎面罩玻璃的小锤子	限期整改
（三）灭火器		
1	船上配备的灭火器数量是否满足在《船舶检验簿》中所标注的要求，并且是否配备了相同数量的备用灭火器	限期整改

图示：

灭火器	灭火器种类	二氧化碳	干粉	泡沫
	数量	3	10	9
	安装位置	机器处所，服务处所	起居处所	机器处所，服务处所

手提式泡沫枪 1 支 消防员装备 2 套

太平桶 — 只 太平斧 2 把 黄沙箱 — 个

备 注

1.备用灭火器共22具，其中手提式泡沫9具，手提式干粉10具，手提式二氧化碳3具，存放于船尾储藏室。2.本船配备紧急逃生呼吸器共9具。3.本船实际船员人数14人，工作人员46人。

序号	检 查 标 准	处 置 措 施
2	灭火器是否符合要求： （1）是否存在压力不足、空瓶情况。 （2）喷嘴组件是否存在老化、龟裂、断裂等以及连接接头存在松动情况。 （3）筒体及其底部是否存在严重锈蚀，如锈蚀超过容器壁厚10%，应当由认可单位进行水压试验，以确定是否应更换。 （4）压力表是否存在变形、损伤等缺陷，压力显示是否在正常范围。 （5）灭火器的压把、阀体等金属件是否存在严重损伤、变形、锈蚀等影响使用的缺陷。 （6）灭火器的安全插销是否处于即刻可拔出状况。 （7）大型灭火器的走车机构和架子是否能正常推行，强度是否足够，喷管、喷头状况是否良好	限期更换
3	船上是否按照公司要求，由专人对灭火设备进行间隔不超过3个月一次的定期检查，是否将检查情况如实记录在船舶消防安全记录表和灭火器所附的标签上，并签署检查日期和检查人姓名	限期整改

续表

序号	检　查　标　准	处　置　措　施
（四）防火控制图		
1	核对船上消防设施存放位置与《防火控制图》中所标注的内容是否相一致	限期整改
2	是否在驾驶台、生活区主通道或其他公共处所之一，固定展示《防火控制图》	限期整改
3	《防火控制图》是否经船检机构审核批准	限期整改
4	是否根据船上实际配备的消防设备和装置，编制灭火设备的保养及操作说明书	限期整改
（五）火灾隐患		
1	油漆间安装的电气设备是否满足危险处所的相关要求，是否在油漆间设置相应的灭火设施	立即整改
2	船上是否存在火灾隐患，如乱拉电线，电气设备发生非正常发热，未遵守吸烟制度，乱堆放可燃杂物，配电系统绝缘值过低，氧气瓶和乙炔气瓶存放在一起等	立即整改
五、锚设备的检查		
1	证书、文书的检查： 通过查阅《船舶检验簿》中的“锚设备”栏目，核查船舶实际配备是否与证书中所标注的锚的数量、重量、型式和锚链直径、长度和等级相一致	发函承包人，由承包人正式答复

图示：

设　备　部　分

锚设备

舾装数 1322　锚数量 4　锚机数量 4

锚	名称	型式	重量(kg)
	右艉锚（2只）	大抓力锚	6875.00
	右艏锚（2只）	大抓力锚	6875.00
	左艉锚（2只）	大抓力锚	6875.00
	左艏锚（2只）	大抓力锚	6875.00

锚机	名称	型号	功率(kW)	制造厂
	右艉锚机（2台）	JM45	75.00	如皋市建设机械厂
	右艏锚机（2台）	JM45	75.00	如皋市建设机械厂
	左艉锚机（2台）	JM45	75.00	如皋市建设机械厂
	左艏锚机（2台）	JM45	75.00	如皋市建设机械厂

锚链	名称	直径(mm)	长度(m)	等级	材料
	右艉锚链（2根）	48.00	1100.00	—	钢丝绳
	右艏锚链（2根）	48.00	1100.00	—	钢丝绳
	左艉锚链（2根）	48.00	1100.00	—	钢丝绳
	左艏锚链（2根）	48.00	1100.00	—	钢丝绳

序号	检　查　标　准	处　置　措　施
2	锚的重量是否满足规范要求： 锚的重量除以舾装数所得的值，一般在2.8～3.2之间，舾装数越大，比值越接近3，如果小于这个区间，说明锚的重量不足	要求更换锚，在此期间停工
3	链环腐蚀直径是否小于原先规范要求的85%	修理或换新
4	锚链横档是否存在松动脱落	修理
六、系缆装置的检查		
1	缆桩、导缆滑轮、绞缆机、锚机及其基座的腐蚀磨耗是否超过允许的极限。滑轮能否自由转动，是否存在缺口	限期整改

续表

序号	检 查 标 准	处 置 措 施
七、锚机的检查		
1	检查固定锚机基座及其连接螺母、螺栓的锈蚀是否严重	限期整改
2	检查锚机刹车带磨损情况，刹车带磨损不允许超过其沉头螺栓，否则会影响刹车效果。刹车带磨损在其两端最严重，当两端磨损到原厚度的1/3时，应予以换新	限期整改
3	缆绳的纤维断裂、磨损和腐蚀是否严重，钢索锈蚀是否严重、是否出现10%以上的断丝情况	限期整改
八、防污设备的检查		
1	检查承包商船舶自查情况。是否进行自查并留存检查记录。[《中华人民共和国船舶安全监督规则》第二十二条]	限期整改，发文约谈
九、应急管理		
1	船舶是否编制有相关应急预案和制定年度应急演练计划	限期整改
2	施工单位是否制定涵盖主要风险的应急预案	限期整改
3	施工单位的应急处置措施是否与船舶应变部署相互衔接；应急处置措施是否以应变部署卡的方式张贴到员工宿舍	立即整改
4	施工单位、船方是否结合主要风险开展应急演习并留存应急演练记录	限期整改

2.2 海上作业环境保护隐患排查

根据《中华人民共和国海洋环境保护法》《防治船舶污染海洋环境管理条例》《防治海洋工程建设工程污染损害海洋环境管理条例》，编制下述检查标准，见表2-2。

表2-2 海上作业环境保护隐患排查表

序号	检 查 标 准	处 置 措 施
自1998年至2008年，在我国管辖海域共发生733起船舶污染事故，多为海上交通事故引发的污染事故，这些污染事故给我国海洋环境造成了巨大的损害。		
一、海上作业开工条件		
1	海岸工程建设项目单位，必须对海洋环境进行科学调查，根据自然条件和社会条件，合理选址，编制环境影响报告书（表）。在建设项目开工前，将环境影响报告书（表）报环境保护行政主管部门审查批准。[《中华人民共和国海洋环境保护法》第四十三条] 行政处罚：环境影响报告书未经核准，擅自开工建设的。处5万元以上20万元以下的罚款[《防治海洋工程建设项目污染损害海洋环境管理条例》第三十九条]	如有发现，立即汇报，并停止作业

续表

序号	检 查 标 准	处 置 措 施
二、船舶法定检验证书核查		
1	船舶必须按照有关规定持有防止海洋环境污染的证书与文书。[《中华人民共和国海洋环境保护法》第六十三条] 取得并随船携带相应的防治船舶污染海洋环境的证书、文书。[《防治船舶污染海洋环境管理条例》第十条] 证书和文书：海上船舶防止油污证书、海上船舶防止生活污水证书、海上船舶空气污染证书、船上油污应急计划 行政处罚：如没有证书与文书，将会被海事部门处以 2 万元以下的罚款 [《中华人民共和国海洋环境保护法》第八十七条]	立即停止作业，并发函于施工单位，撤离出用海红线
2	是否有船上油污应急计划。 行政处罚：违反本法规定，船舶、石油平台和装卸油类的港口、码头、装卸站不编制溢油应急计划的，由依照本法规定行使海洋环境监督管理权的部门予以警告，或者责令限期改正。[《中华人民共和国海洋环境保护法》第八十八条]	立即停止作业，并发函于施工单位，撤离出用海红线
三、海域排放要求		
1	在中华人民共和国管辖海域，任何船舶及相关作业不得违反本法规定向海洋排放污染物、废弃物和压载水、船舶垃圾及其他有害物质。[《中华人民共和国海洋环境保护法》第六十二条] 行政处罚：由依照本法规定行使海洋环境监督管理权的部门责令停止违法行为、限期改正或者责令采取限制生产、停产整治等措施，并处以罚款；拒不改正的，依法做出处罚决定的部门可以自责令改正之日的次日起，按照原罚款数额按日连续处罚；情节严重的，报经有批准权的人民政府批准，责令停业、关闭。处三万元以上二十万元以下的罚款。[《中华人民共和国海洋环境保护法》第七十二条]	发函于施工单位，并按照要求进行处罚
2	（1）禁止向海域排放油类、酸液、碱液、剧毒废液和高、中水平放射性废水。[《防止海洋工程建设项目污染损害海洋环境管理条例》第三十五条] （2）在任何海域，应将塑料废弃物、废气食用油、生活废弃物、焚烧炉灰渣、废气渔具和电子垃圾收集并排入接收设施。[GB 3552—2018 7.1.1] 对于食品废弃物，在距最近陆地 3n mile 以内（含）的海域，应收集并排入接受设施；在距最近陆地 3n mile 至 12n mile（含）的海域，粉碎或磨碎至直径不大于 25mm 后方可排放；在距最近陆地 12nmile 以外的海域可以排放。[GB 3552—2018 7.1.2] 在任何海域，对于货舱、甲板和外表面清洗水，其含有的清洁剂或添加剂不属于危害海洋环境物质的方可排放；其他操作废弃物应收集并排入接收设施。 注：生活污水是指船舶上主要由人员生活产生的污水，包括： 1）任何形式便器的排出物和其他废物； 2）医务室（药房、病房等）的洗手池、洗澡盆，以及这些处所排水孔的排出物； 3）装有活的动物处所的排除物； 4）混有上述排出物或废物的其他污水	发函于施工单位，并按照要求进行处罚

续表

<table>
<tr><th>序号</th><th>检 查 标 准</th><th>处 置 措 施</th></tr>
<tr><td colspan="3">常见隐患：

高桩承台模板掉落水中，未进行清理</td></tr>
<tr><td colspan="3">四、船舶污染物的排放和接受</td></tr>
<tr><td>1</td><td>船舶处置污染物，应当在相应的记录簿内如实记录。船舶应当将使用完毕的船舶垃圾记录簿在船舶上保留 2 年；将使用完毕的含油污水、含有毒有害物质污水记录簿在船舶上保留 3 年。[《防治船舶污染海洋环境管理条例》第十六条]
行政处罚：违反本条例的规定，船舶未按照规定在船舶上留存船舶污染物处置记录，或者船舶污染物处置记录与船舶运行过程中产生的污染物数量不符合的，由海事管理机构处 2 万元以上 10 万元以下的罚款。[《防治船舶污染海洋环境管理条例》第五十九条]</td><td>发函于施工单位，并按照要求进行处罚</td></tr>
<tr><td>2</td><td>船舶污染物接收单位接收船舶污染物，应当向船舶出具污染物接收单证，经双方签字确认并留存至少 2 年。污染物接收单证应当注明作业双方名称，作业开始和结束的时间、地点，以及污染物种类、数量等内容。船舶应当将污染物接收单证保存在相应的记录簿中。[《防治船舶污染海洋环境管理条例》第十八条]
行政处罚：
（1）违反本条例的规定，船舶未按照规定在船舶上留存船舶污染物处置记录，或者船舶污染物处置记录与船舶运行过程中产生的污染物数量不符合的，由海事管理机构处 2 万元以上 10 万元以下的罚款。[《防治船舶污染海洋环境管理条例》第五十九条]
（2）违反本条例的规定，有下列情形之一的，由海事管理机构处 2000 元以上 1 万元以下的罚款：（一）船舶未按照规定保存污染物接收单证的。[《防治船舶污染海洋环境管理条例》第六十二条]</td><td>发函于施工单位，并按照要求进行处罚</td></tr>
<tr><td>3</td><td>船舶燃油供给单位应当如实填写燃油供受单证，并向船舶提供船舶燃油供受单证和燃油样品。船舶和船舶燃油供给单位应当将燃油供受单证保存 3 年，并将燃油样品妥善保存 1 年。[《防治船舶污染海洋环境管理条例》第二十八条]
行政处罚：
违反本条例的规定，有下列情形之一的，由海事管理机构处</td><td>发函于施工单位，并按照要求进行处罚</td></tr>
</table>

续表

序号	检　查　标　准	处　置　措　施
3	2000 元以上 1 万元以下的罚款：（四）船舶和船舶燃油供给单位未按照规定保存燃油供受单证和燃油样品的。[《防治船舶污染海洋环境管理条例》第六十二条]	发函于施工单位，并按照要求进行处罚

2.3　自升式平台桩腿隐患排查

根据《海上移动平台入级规范 2016》并结合现场实际进行编制下述检查标准，见表 2-3。自升式平台是指具有活动桩腿且其主体能沿支撑于海底的桩腿升至海面以上预定高度进行作业，并能将主体降回海面和回收桩腿的平台。

表 2-3　　自升式平台桩腿隐患排查表

序号	检　查　标　准	处　置　措　施
1	插拔桩操作人员经培训合格	停止未经培训人员操作，并对承包商按照合同要求进行处置
2	插拔桩腿操作过程甲板上不得有除船员外的无关人员逗留	立即提醒撤离甲板
3	平台驾驶室是否有《施工方案》、《插拔桩计算说明书》、《插拔桩操作规程》、此机位溜桩情况、《突发事故应急预案》、《防止穿刺的措施方案》	限期整改
4	船方、施工单位是否对插拔桩作业风险进行分析并落实管控措施	限期整改
5	船方是否对桩腿进行目视检查并留存检查记录；桩腿壁厚是否超过允许值	发函督促整改
6	是否留存桩腿插拔记录	发函督促整改
7	扭矩监控系统（如有）是否读数正常，能够正确读出上拔力	视具体情况，如设计时就无读数，此条作废（NA）
8	记录的最大上拔力是否超过升降系统额定载荷；是否超过桩腿最大承载力	限期整改
9	桩腿喷冲系统是否完好	限期整改
10	桩腿可见部分是否有裂纹、扭曲、应力变化的现象	停止施工，限期整改
11	升降系统是否有裂纹、变形等现象	停止施工，限期整改
12	升降室结构以及与主体或平台相连接的构件，对升降系统和桩腿导轨作外部检查。水线以上人员可到达的桩腿、桩腿围阱处的板和支持结构，钻井悬臂梁及其支撑结构，是否有异常变形或开裂现象	停止施工，限期整改

2.4 乘坐交通船隐患排查

乘坐交通船隐患排查见表 2-4。

表 2-4　　　　乘坐交通船隐患排查表

<table>
<tr><th>序号</th><th>检 查 标 准</th><th>处 置 措 施</th></tr>
<tr><td colspan="3">海上通勤（乘坐交通艇）</td></tr>
<tr><td>1</td><td>对乘坐交通船的员工及访客开展安全教育，以确定其掌握必要的安全要求和注意事项</td><td>请其下船，并对施工单位进行教育</td></tr>
<tr><td>2</td><td>交通船应按额定载员载人，严禁超员航行。交通船应记录上下船人员名单（含姓名、单位、上/下船时间）并监督乘员使用二维码进行登记</td><td>严禁超员航行</td></tr>
<tr><td>3</td><td>乘员上下交通船及乘坐期间应穿好救生衣和穿戴好个人防护用品（船舱内除外）。严禁穿戴气胀式救生衣上船</td><td>立即纠正</td></tr>
<tr><td>4</td><td>乘坐交通船安全要求应当张贴于明显位置，并督促乘员阅读</td><td>限期整改</td></tr>
<tr><td>5</td><td>当时海况适合出海，船长了解气象状况</td><td>如海况恶劣，严禁出海</td></tr>
<tr><td>6</td><td>施工单位应指派专人指导人员登陆作业船，以确保安全。针对上船攀爬、乘坐载人吊笼，施工单位需指派专人告知方法，并现场教学</td><td>限期改正</td></tr>
<tr><td colspan="3">常见隐患：

标准图示：
</td></tr>
<tr><td>7</td><td>现场风浪较大时，交通船应保证系船缆绳的强度，避免因缆绳断裂出现人员受伤、落水等现象发生，同时，交通船还应准备好太平斧等应急设施，保证在紧急情况下交通船能及时脱离</td><td>限期改正</td></tr>
</table>

2.5 海上交通隐患排查

根据《中华人民共和国海上交通安全法》《中华人民共和国船员条例》《中华人民共和国船舶最低安全配员规则》《中华人民共和国水上水下活动通航安全管理规定》《中华人民共和国海船船员适任考试、评估和发证规则》《中华人民共和国船舶安全监督标准》，编制下述检查标准，见表 2-5。

沿海水域是指中华人民共和国沿海的港口、内水和领海以及国家管辖的一切其他海域。

船舶是指各类排水或非排水船、筏、水上飞机、潜水器和移动式平台。

设施是指水上水下各种固定或浮动建筑、装置和固定平台。

作业是指在沿海水域调查、勘探、开采、测量、建筑、疏浚、爆破、救助、打捞、拖带、捕捞、养殖、装卸、科学试验和其他水上水下施工。

表 2-5　　　　海上交通隐患排查表

序号	检　查　标　准	处　置　措　施
一、船舶管理		
1	检查承包商船舶自查情况。[《中华人民共和国船舶安全监督规则》第二十二条]	限期整改，对施工单位发函通报
2	水上水下活动许可证上注明的船舶在水上水下活动期间是否发生变更，如变更是否到海事机构申请办理变更手续。 检查标准： 《中华人民共和国水上水下活动通航安全管理规定》第二十六条 未经批准擅自更换或者增加施工作业船舶。[由海事管理机构责令停止作业][有行政处罚风险]	在变更手续未办妥前，变更的船舶不得从事相应的水上水下活动
3	现场是否有不符合安全标准的船舶和设施出现。 检查标准： (1)《中华人民共和国水上水下活动通航安全管理规定》第二十六条　雇佣不符合安全标准的船舶和设施进行水上水下活动的 [由海事管理机构责令其停止作业][有行政处罚风险] (2) 涉水工程建设单位应当在工程招投标前明确参与施工作业的船舶、浮动设施应当具备的安全标准和条件。[《中华人民共和国水上水下活动通航安全管理规定》第十六条]	清退不合格船舶，对施工单位按照合同要求进行处罚
二、海上交通安全		
1	船舶、设施是否制定海上交通安全的规章制度和操作规程，保障船舶、设施航行、停泊和作业的安全。海上交通安全管理制度包含船员值班、安全航行、避碰规则、航行通信、自动识别系统使用、船员操作规程、船舶维护/保养/检修、明火作业要求、填写航海日志、保障人员上下船舶安全的措施等。[《中华人民共和国海上交通安全法》第三章　船舶、设施上的人员第九条] 检查标准： (1) 船员值班规则（必要休息、不饮酒、不服违禁药物）;	限期整改

续表

序号	检 查 标 准	处 置 措 施
1	（2）安全航行（安全速度、规定航路、正规瞭望）； （3）避碰规则； （4）不按照规定显示信号； （5）不按照规定守听航行通信； （6）不按照规定保持船舶自动识别系统处于正常工作状态，或者不按照规定在船舶自动识别设备中输入准确信息，或者船舶自动识别系统发生故障未及时向海事管理机构报告； （7）不按照规定进行试车、试航、测速、辨校方向； （8）不按照规定测试、检修船舶设备； （9）不按照规定保持船舱良好通风或者清洁； （10）不按照规定使用明火； （11）不按照规定填写航海日志； （12）不按照规定采取保障人员上、下船舶、设施安全的措施。 [《海上海事行政处罚规定》第二十条]	限期整改
2	通信联络是否畅通，助航标志、导航设施明显有效，海洋气象预报获取渠道是否有效、获取是否及时。[《中华人民共和国海上交通安全法》第五章　安全保障　第十三条]	限期整改
3	施工单位是否落实通航安全评估或通航安全保障方案中提出的各项交通安全措施。[《中华人民共和国水上水下活动通航安全管理规定》第十五条] 施工单位应组织有关海上作业人员、海风项目部（总承包商）、监理、业主开展通航安全保障方案交底	限期整改
4	船舶、设施应当按照有关规定在明显处昼夜显示规定的号灯号型。在现场作业船舶或者警戒船上配备有效的通信设备，施工作业或者活动期间指派专人警戒，并在指定的频道上守听。[《中华人民共和国水上水下活动通航安全管理规定》第二十条　第二十六条][有行政处罚风险]	立即整改，对施工单位发函通报
5	施工单位是否存在未按规定申请发布航行警告、航行通报即行实施水上水下活动。 [《中华人民共和国水上水下活动通航安全管理规定》第二十九条][有行政处罚风险][处罚针对施工单位不涉及他方]	立即整改，对施工单位进行发函通报
6	是否对有碍航行和作业安全的隐患采取设置标志、显示信号等措施。 [中华人民共和国水上水下活动通航安全管理规定　第三十一条][有行政处罚风险]	立即整改

2.6　自升式平台插拔桩腿作业风险控制单模板

本模板仅作为自升式平台插拔桩腿作业参考模板（见表2-6）。

表 2-6　　　　自升式平台插拔桩腿作业风险控制单模板

<table>
<tr><td colspan="2">机位号</td><td></td><td>本机位穿刺层所在位置</td><td colspan="2"></td></tr>
<tr><td colspan="2">本机位溜桩地层所在位置</td><td></td><td>安全技术交底（插拔桩操作人员确认）</td><td colspan="2"></td></tr>
<tr><td>工序</td><td>主要风险</td><td colspan="2">预　防　措　施</td><td>船东方确认</td><td>承包商确认</td></tr>
<tr><td>No.0
先决条件确认</td><td>管理责任未履责</td><td colspan="2">①人：操作人员经厂家培训合格。
②机：船舶经检查无异常，插拔桩有关系统经检查无异常。
③方案：《专项施工方案》《防穿刺措施及预案》《插拔桩计算说明书》《插拔桩腿操作规程》《本机位沉桩情况》《插拔桩腿突发事故应急预案》在平台驾驶室存档。
④环境：风、浪、流速与平台设计工况相符合。
风速：＿＿＿＿＿＿＿＿
浪高：＿＿＿＿＿＿＿＿
流速：＿＿＿＿＿＿＿＿
⑤物料堆放：平台甲板上堆存物品重量在可变载荷内，履带吊、叉车经有效固定。
⑥禁令：在整个插拔桩腿过程中，甲板上不得有除船员外的无关人员逗留。禁止使用平台上的吊机和在平台上移动重物。禁止开展其他作业</td><td></td><td></td></tr>
<tr><td>No.1 平台定位</td><td>定位不在准确位置</td><td colspan="2">按照施工方案中规定位置进行定位，并由专业人员核定坐标点位。
记录坐标点＿＿＿＿＿＿＿＿</td><td></td><td></td></tr>
<tr><td>No.2
插桩</td><td>①桩腿滑移、形变/裂纹、倾斜、折弯。
②桩腿穿刺导致平台倾斜</td><td colspan="2">①平台吃水状态下进行插桩。插桩过程中保持平台水平度不超过规定限值。
②风、浪、流速符合操作手册要求。
风速：＿＿＿＿＿＿＿＿
浪高：＿＿＿＿＿＿＿＿
流速：＿＿＿＿＿＿＿＿
③记录插桩深度值：<table><tr><td>1 号桩腿</td><td></td><td>2 号桩腿</td><td></td></tr><tr><td>3 号桩腿</td><td></td><td>4 号桩腿</td><td></td></tr></table>④判断是否站桩在了理论穿刺层。
是（　　　　）否（　　　　）
如插桩处有理论穿刺层，按照防穿刺方案采取防穿刺措施</td><td></td><td></td></tr>
<tr><td>No.3
保压</td><td>桩腿穿刺导致平台倾斜</td><td colspan="2">①查看桩腿是否出现形变、裂纹等异常，如有不能继续插桩。
②保压时间是否符合操作手册要求。
保压时间：＿＿＿＿＿＿＿＿</td><td></td><td></td></tr>
</table>

续表

<table>
<tr><td colspan="2">机位号</td><td></td><td colspan="2">本机位穿刺层所在位置</td><td></td></tr>
<tr><td colspan="2">本机位溜桩地层
所在位置</td><td></td><td colspan="2">安全技术交底（插拔
桩操作人员确认）</td><td></td></tr>
<tr><td>工序</td><td>主要风险</td><td colspan="2">预 防 措 施</td><td>船东方
确认</td><td>承包商
确认</td></tr>
<tr><td>No.4
预压载
及保压</td><td>①桩腿滑移、形变/裂纹、倾斜、折弯。
②桩腿穿刺导致平台倾斜</td><td colspan="2">①按照插拔桩腿操作规程进行操作。风、浪、流速符合操作手册要求。
风速：______
浪高：______
流速：______
②预压载过程中要保证船舶水平度不超过平台限值。
③要对压载舱注水人员任务执行情况进行检查确认，确认其是否操作正确（如有）。
④记录插桩深度值：<table><tr><td>1 号桩腿</td><td></td><td>2 号桩腿</td><td></td></tr><tr><td>3 号桩腿</td><td></td><td>4 号桩腿</td><td></td></tr></table>⑤判断是否站桩在了理论穿刺层。
是（　　　）否（　　　）
如插桩处有理论穿刺层，按照防穿刺方案采取防穿刺措施。
⑥保压时间是否符合操作手册要求。
保压时间：______
⑦实际插深与计算插深是否出现偏差（遵照下述三种情况）。
是（　　　）否（　　　）
情况一：当预压力值达到设计值时，实际插深尚未达到计算插深时。
情况二：当预压力值达到设计值时，实际插深超过设计插深一个桩靴高度时。
情况三：当预压力值未达到设计值时，插深已经超过计算插深时。
⑧插深偏差决策管理动作执行。（由插深偏差决策机构写明决策依据）
决策依据：______
______
______</td><td></td><td></td></tr>
<tr><td>No.5
升降船</td><td>①桩腿形变/裂纹、倾斜、折弯。
②未到指定位置</td><td colspan="2">①按照插拔桩腿操作规程进行操作。风、浪、流速符合操作手册要求。
风速：______
浪高：______
流速：______
②核定到指定位置</td><td></td><td></td></tr>
</table>

续表

<table>
<tr><td colspan="2">机位号</td><td></td><td>本机位穿刺层所在位置</td><td colspan="2"></td></tr>
<tr><td colspan="2">本机位溜桩地层所在位置</td><td></td><td>安全技术交底（插拔桩操作人员确认）</td><td colspan="2"></td></tr>
<tr><td>工序</td><td>主要风险</td><td colspan="2">预　防　措　施</td><td>船东方确认</td><td>承包商确认</td></tr>
<tr><td>No.6
拔桩</td><td>①不能拔桩操作。
②桩腿冲桩系统不可用。
③桩腿形变/裂纹、倾斜、折弯</td><td colspan="2">①拔桩力不超过升降单元额定载荷。
②按照操作规程操作，平台水平度不超过平台限值。
③按照插拔桩腿操作规程进行操作。风、浪、流速符合操作手册要求。
风速：____________
浪高：____________
流速：____________</td><td></td><td></td></tr>
<tr><td>No.7
移位</td><td>桩腿倾斜、折弯</td><td colspan="2">①自航移位时桩腿应完全收回。
②按照插拔桩腿操作规程进行操作。风、浪、流速符合操作手册要求。
风速：____________
浪高：____________
流速：____________</td><td></td><td></td></tr>
</table>

2.7　坐底式平台下潜与浮起作业风险控制单模板

本模板仅作为坐底式平台下潜与浮起作业风险管控参考模板（见表 2-7）。

表 2-7　　　坐底式平台下潜与浮起作业风险控制单模板

<table>
<tr><td colspan="2">机位号</td><td></td><td>安全技术交底（操作人员确认）</td><td colspan="2">地质交底［　　］
施工方案交底［　］
突发事件应急预案［　］
操作规程［　　］</td></tr>
<tr><td>工序</td><td>主要风险</td><td colspan="2">预防措施</td><td>船东方确认</td><td>承包商确认</td></tr>
<tr><td>No.0
先决条件确认</td><td>管理要求未落实，致使被利益相关方考核的风险、发生事故被追责的风险</td><td colspan="2">①人：禁止无操作经验船员操作下潜与浮起系统，配备专业能力满足要求的压载操作员。
②机：船舶经检查无异常，压载系统经检查无异常。
③方案：《专项施工方案》中增加坐底式平台拖航、就位、下潜、浮起风险分析及管控；《坐底式平台抗风险管控专项措施和应急预案》由专业第三方审核通过；《下潜与浮起操作规程》；上述三个方案在平台驾驶室存档。
④环境：风、浪、流速与平台设计工况相符合。</td><td></td><td></td></tr>
</table>

续表

<table>
<tr><td colspan="2">机位号</td><td></td><td>安全技术交底
（操作人员确认）</td><td colspan="2">地质交底 [ ]
施工方案交底 [ ]
突发事件应急预案 [ ]
操作规程 [ ]</td></tr>
<tr><td>工序</td><td>主要风险</td><td colspan="2">预防措施</td><td>船东方确认</td><td>承包商确认</td></tr>
<tr><td>No.0
先决条件确认</td><td>管理要求未落实，致使被利益相关方考核的风险、发生事故被追责的风险</td><td colspan="2">风速：≤6 级，有义波高不超过 0.5m；≤4 级，有义波高不超过 1m；流速：≤1.5m/s。
⑤物料堆放：平台甲板上堆存物品重量在可变载荷内，履带吊、叉车经有效固定。
⑥禁令：在整个下潜与浮起过程中，甲板上不得有除船员外的无关人员逗留。禁止使用平台上的吊机和在平台上移动重物，严禁开展其他作业。
⑦记录：填写下潜与浮起记录。
⑧应急：设置不同危险状况进行桌面演练和实操演练，提高压载团队和项目管理团队风险管控能力。
⑨承载力试验：若海床表层为流塑状淤泥且覆盖层较厚时，可能会造成无法承重进而下陷量超标起浮困难，需要提前进行承载力试验进行验证。
⑩海床平整度扫测：保证拟坐底位置范围内纵、横倾角满足设计要求，防滑移、防倾覆</td><td></td><td></td></tr>
<tr><td>No.1
平台定位</td><td>定位不在准确位置，可能会发生因距离不足造成起重伤害风险</td><td colspan="2">按照施工方案中规定位置进行定位，并由专业人员核定坐标点位。
记录坐标点________________</td><td></td><td></td></tr>
<tr><td>No.2
下潜</td><td>船舶滑移、船舶倾覆</td><td colspan="2">①风、浪、流速符合操作手册要求。
风速：________________
浪高：________________
流速：________________
②关闭举升甲板水密门。
③船艏艉倾斜度满足操作规程要求。对压载舱注水人员任务执行情况进行检查确认，确认其是否操作正确。保证对称压载舱同样的进水量；如发现平台倾斜，调整相应压载舱进水速度，仍无法消除倾斜，立即关闭所有压载舱的通大气阀和通海阀，并做进一步调查。
④记录下潜深度值、装载量、船舷侧处的实际内外压差、相邻压载舱分隔的舱壁处的实际压差。
⑤通过装载计算机计算出的实时 GM 值必须大于设计最小值，保证平台稳性。
⑥上层平台最底部距离最大设计波峰界面之间净距离需满足设计要求。
⑦采用冲刷工况进行储备力矩的计算分析结果指导施工，同时做好冲刷防护和定点定时监测工作，做好数据记录与分析，发现异常状况采取紧急措施起浮移位。</td><td></td><td></td></tr>
</table>

续表

<table>
<tr><td colspan="2">机位号</td><td>安全技术交底（操作人员确认）</td><td colspan="2">地质交底 [ ]
施工方案交底 [ ]
突发事件应急预案 [ ]
操作规程 [ ]</td></tr>
<tr><td>工序</td><td>主要风险</td><td>预防措施</td><td>船东方确认</td><td>承包商确认</td></tr>
<tr><td>No.2
下潜</td><td>船舶滑移、船舶倾覆</td><td>⑧平台作业人员要确保所有传感器数据准确（无压力传感器时通过装载仪实时数据与理论值对比），保证压载量与计算值一致，不允许在较硬地质上过载超压破坏船底板结构。
⑨系泊锚处于工作状态，提供额外的抗滑移力</td><td></td><td></td></tr>
<tr><td>No.3
保压</td><td>①坐底区域局部冲刷严重，导致平台滑移。
②浮体内进水，导致水密性破坏</td><td>①船员 24 小时值守，发现异常要第一时间按照船舶操作规程进行调整。
②保压时间是否符合操作手册要求。
保压时间：________
③实时观测平台 4 角各个测深仪遥测和平台坐底受力情况，如测深差异较大，及时调整船位。
④定时查询水密门本地指示灯及警报预警情况</td><td></td><td></td></tr>
<tr><td>No.4
浮起</td><td>船舶滑移、船舶倾覆</td><td>①按照操作规程进行操作。风、浪、流速符合操作手册要求。
风速：________
浪高：________
流速：________
②冲喷系统工作时，上浮高度约为 0.2m 时，需停止舱室排水，防止平台瞬间跳起。
③船艏艉倾斜度满足操作规程要求。保证对称压载舱同样的排水量；如发现平台倾斜，调整相应压载舱排水速度，仍无法消除倾斜，立即关闭所有压载舱的通大气阀和通海阀，并做进一步调查。
④对压载舱排水人员任务执行情况进行检查确认，确认其是否操作正确。
⑤记录下潜深度值、各舱室装载量、船舷侧处的实际内外压差、相邻压载舱分隔的舱壁处的实际压差。
⑥判断船舷侧处的实际内外压差是否在许可压差范围内，判断相邻压载舱分隔的舱壁处实际内外压差是否在许可压差范围内。
⑦当吸附力过大时，应多次进行对底冲刷，不可过量不平衡排载达到加大浮力的方式起浮，造成过大的纵倾现象，甚至平台倾覆事故</td><td></td><td></td></tr>
<tr><td>No.5
移位</td><td>吊车大臂损坏，船体倾斜</td><td>①自航移位时吊车大臂未固定在搁置架上。
②按照操作规程进行操作。风、浪、流速符合操作手册要求。
风速：________
浪高：________
流速：________</td><td></td><td></td></tr>
</table>

2.8 灌浆作业隐患排查

灌浆作业过程管控见表2-8。

表2-8 灌浆作业过程管控

序号	检 查 标 准	处 置 措 施
1	入场前检查： （1）稳性计算书； （2）船舶布置方案	限期整改
2	履带吊/吊机作业：（参照起重吊装管控要求）	限期整改
3	潜水作业：（参照潜水作业管控要求）	限期整改
4	作业前检查： （1）灌浆设备经检查完好。 （2）人员上下导管架需全程挂安全带，跳板区域拉设安全绳	更换
常见隐患： 		
5	人员防护：作业人员佩戴口罩等防护用品	批评教育
常见隐患： 		

续表

序号	检 查 标 准	处 置 措 施
6	设备检查：空压机、备用气瓶、减压舱（参照潜水作业管控要求）	维护保养
标准图示： 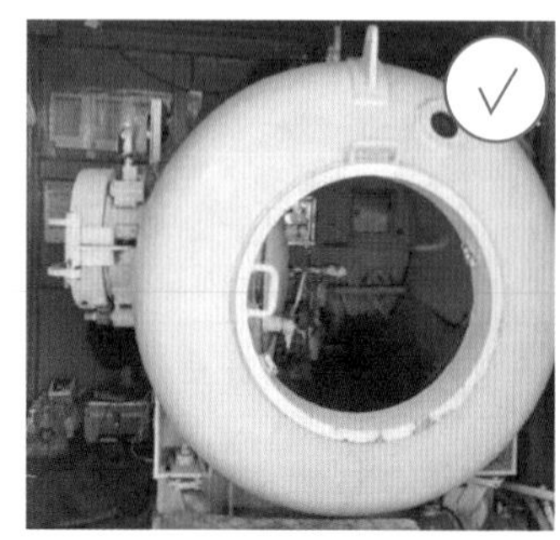		
7	现场用电：（参照临时用电管控要求）	限期整改
标准图示： 		

2.9 潜水作业隐患排查

根据 GB 26123—2010《空气潜水安全要求》，编制潜水作业隐患排查标准，见表 2-9。

表 2-9　　潜水作业隐患排查表

序号	检 查 标 准	处 置 措 施
一、技术资料检查		
1	（1）专项施工方案（含审批页）。 （2）高风险作业申请单。 （3）参与作业的特种作业人员复印件。 （4）潜水作业指导书（海缆敷设）（空白版）。 （5）作业许可证	限期整改

续表

序号	检 查 标 准	处 置 措 施
2	潜水相关人员持有相应资格证书（潜水员证、潜水监督证、生命支持员证等）、健康证明和安全培训证书，且在有效期内	限期整改
3	潜水作业相关设备（潜水面罩、潜水服、安全背带、供气设备等）符合国家标准，具有合格证书、检验证书，且在使用有效期内	更换或报废
4	作业前进行安全技术交底，并签字确认交底内容（明确任务、危险因素、安全措施）	未进行交底禁止施工
二、水面供气式潜水面罩检查		
1	《空气潜水安全要求》： （1）供气量符合 GB 18985 的相关要求。 （2）有双向语音通信装置。 （3）供气管路上装有止回阀。 （4）阀内弹簧承受压强小于 20kPa。采用抗腐蚀材料制成。 （5）有过压保护装置。 （6）可连接应急气瓶。 （7）易于脱卸。 （8）每年由制造商认可的人员进行一次外观检查、维护和性能检测（具有检测报告）	更换或报废
图示： 		
2	本体内外部是否无破损及污物	更换或报废
3	组合阀是否无破损并运转自如	更换或报废
4	单向阀吹气测试是否畅通	更换或报废
5	排水阀排水测试是否畅通，无泄漏	更换或报废
6	进气弯管是否无凹陷、变形及破损，接头无泄漏	更换或报废
7	旁通阀是否操作自如、供气顺畅	更换或报废
8	耳机、话筒是否位置正确、通话语音清晰	更换或报废
9	相连的供气管是否畅通，接头无泄漏	更换或报废
10	口鼻罩是否位置恰当、无破损，鼓鼻器是否推拉自如、鼓鼻功能正常	更换或报废
11	头罩及脸部密封材料是否无撕裂、割伤、老化和开胶	更换或报废

续表

序号	检 查 标 准	处 置 措 施
12	不锈钢卡箍是否无裂纹或破损	更换或报废
13	固定卡箍的螺栓是否已旋紧，位置正确	更换或报废
三、水面供气式潜水头盔检查		
1	（1）水面供气式潜水头盔是否符合“二、水面供气式潜水面罩检查”所有要求。 （2）是否有防止头盔从颈箍意外脱离的保险装置	更换或报废
图示： 		
2	颈箍组合是否无破损，与头盔之间是否密封良好、张力适当	更换或报废
3	颈围是否无破损，硅脂润滑状况是否良好	更换或报废
4	头盔衬垫位置是否正确、无损伤	更换或报废
四、潜水服检查		
1	潜水服是否无撕裂、老化、磨损	更换或报废
2	干式潜水服： （1）是否有手动供气、排气和过压排气装置。 （2）保温功能是否正常。 （3）充气接头及软管无破损、无泄漏，通气畅通	更换或报废
五、安全背带检查		
1	《空气潜水安全要求》： （1）按 GB 6095 的相关要求设计和制造。 （2）制造材料能承载潜水员及个人装具的负荷。 （3）安全背带与脐带之间配有快速脱带扣。 （4）能防止潜水员从背带中滑脱。 （5）与面罩或头盔的连接处不产生过度牵拉。 （6）起吊潜水员时，不妨碍潜水员呼吸。 （7）有两条裆带。 （8）有起吊潜水员的“D”形环。 （9）不装带压铅代替压重使用。 （10）每六个月进行一次外观检查，按 GB 6095 和 GB/T 6096 的要求每两年进行一次负荷测试（具有检测报告）	更换或报废

续表

序号	检 查 标 准	处 置 措 施
图示： 		
2	安全背带是否无撕裂、老化、磨损	更换或报废
3	“D”形环是否无锈蚀和变形	更换或报废
六、压重带检查		
1	《空气潜水安全要求》： （1）制造材料能承载压重块负荷。 （2）配重与潜水员水中浮力匹配。 （3）不与脐带系扎。 （4）有快速解脱带扣。 （5）能防止意外脱扣	更换或报废
图示： 		
2	压铅位置是否合理、无松动	更换或报废
3	压重带是否无撕裂、老化、磨损	更换或报废
4	快速解脱扣开闭是否正常	更换或报废
七、应急气瓶检查		
1	《空气潜水安全要求》： （1）按 GB 5099 的相关要求设计和建造。 （2）有减压器和与其连接的软管，减压器能满足潜水员面罩或头盔供气流量和压力。 （3）有过压安全装置。 （4）与面罩或头盔的连接不会意外脱落。 （5）气瓶背带能快速解脱。 （6）灌装的呼吸气体符合 GB 18435 的相关要求。	更换或报废

续表

序号	检 查 标 准	处 置 措 施
1	（7）气体容量能满足潜水员以 10m/min 速率上升到水面或达其他替代气源的应急场所。 （8）标识和记录所装载气体的成分和压力。 （9）每年进行一次损坏和腐蚀程度的目视检查。 （10）每六个月进行一次减压器性能测试。 （11）每年进行一次减压器及连接软管最大工作压力泄漏试验。 （12）按 GB 13004 每三年进行一次本体检验	更换或报废
图示：		
2	应急气瓶外部是否无破损、凹陷、严重锈蚀	更换或报废
3	气瓶阀及其密封圈位置是否正常，无破损、弯曲，无泄漏	更换或报废
4	减压器及连接管是否无破损、无泄漏，供气畅通	更换或报废
八、软管和脐带检查		
1	《空气潜水安全要求》： （1）采用尼龙、聚四氟乙烯、聚乙烯、聚氨酯或橡胶等无毒抗氧化材料制造。 （2）最小破坏压力不小于四倍的最大工作压力。 （3）最大工作压力、流量不小于所连接的装具或系统的要求。 （4）软管接头的承载压力不小于所连接软管的承载压力。 （5）能抗扭曲或防扭曲。 （6）使用热水时，耐温不小于 44℃。 （7）每年进行一次外观检查和软管总成 1.15 倍的最大工作压力气压试验。 （8）在维修或改装后，进行外观检查和气压试验。 （9）有识别编号、维护保养程序和记录	更换或报废
图示： 		

续表

序号	检 查 标 准	处 置 措 施
2	软管： （1）适合输送空气。 （2）最大工作压力不小于最大潜水深度的供气压力加 1MPa。 （3）当软管承受的外压大于内压时，无凹瘪	更换或报废
3	脐带： （1）从连接潜水员或潜水钟的端点开始进行标识，30m 内每 3m 作一标记，之后每 15m 作一标记。 （2）组件至少包括呼吸气体软管、通信电缆和测深管。 （3）受力层的材料不受长期浸水影响。 （4）软管总成包括末端接头的最小破坏压力不低于四倍系统最大工作压力。 （5）有防腐蚀材料制成的防脱落的固定扣。 （6）预备潜水员的脐带长度比潜水员的脐带长 2～3m。 （7）从潜水钟出潜水员的脐带长度为 30m 以下。 （8）每六个月进行一次外观检查、1.15 倍的最高工作压力气压试验以及通信电缆性能测试	更换或报废
九、氧气管检查		
1	《空气潜水安全要求》： （1）适合输送氧气。 （2）有“氧气专用”标识。 （3）按用氧要求清洗。 （4）氧气管配件使用与氧气兼容的润滑剂	更换或报废
图示：		
十、空气压缩机检查		
1	《空气潜水安全要求》： （1）GB/T 12930 的基本要求。 （2）满足潜水深度和作业时间的供气压力和流量。 （3）软管符合 5.2.1 的要求。 （4）高压管道符合 5.3.6 的要求。 （5）储气罐符合 5.3.4 的相关要求。 （6）电气控制系统满足 5.9 的相关要求。 （7）不泵送或输送混合气和氧气。 （8）使用前、维护保养和改装后进行性能测试	更换或报废

续表

序号	检 查 标 准	处 置 措 施
图示： 		
2	传动带防护装置是否完好，且运行时机上无覆盖物	更换或报废
3	排水栓、安全阀、单向阀及自动卸压装置功能是否正常	更换或报废
4	启动后阀件、接头和管道等是否无泄漏	更换或报废
5	过滤器、油水分离器、储气罐的本体，以及安全阀、压力表的检定日期是否在有效期内	更换或报废
十一、储气罐检查		
1	《空气潜水安全要求》： （1）按 GB 150 的相关要求设计和建造，安装在船舶或海上设施上时，还应参照 CCS《潜水系统和潜水器人级与建造规范》的相关规定。 （2）进气口处有单向阀或可手动控制气体回流的其他替代阀。 （3）底部有排气阀。 （4）设计压力超过 3.45MPa 时配缓启阀。 （5）有压力表和安全阀。 （6）每年进行一次本体腐蚀程度目视检查和最大工作压力的气压试验。 （7）压力表每六个月进行一次检定，安全阀每年进行一次检定	更换或报废
2	进气口的单向阀是否功能正常，无泄漏	更换或报废
十二、高压气瓶检查		
1	《空气潜水安全要求》： （1）按 GB 5099 的相关要求设计和制造。 （2）气瓶阀有过压安全装置和保护罩。 （3）成组装运时有气瓶阀和减压器保护框（罩）。 （4）使用前后对其灌装气体的成分和压力进行检测、记录和标识。 （5）存放在通风良好、避免高温和防止坠落区域。 （6）灌装氧气的气瓶须专用，存放在开放区域，作禁止明火标识。 （7）每年进行一次损坏和腐蚀程度的目视检查。 （8）气瓶本体按 GB 13004 每三年进行一次检验	更换或报废
2	气瓶外部是否无破损、凹陷、严重锈蚀	更换或报废
3	气瓶阀位置是否正常，无破损、弯曲	更换或报废

续表

序号	检 查 标 准	处 置 措 施
4	压力是否在要求的充气压力范围内	更换或报废
5	过压安全装置位置是否正确，且无破损和泄漏	更换或报废
十三、高压管道检查		
1	《空气潜水安全要求》： （1）参照 GB/T 20801 的相关要求设计和建造。 （2）采用铜或不锈钢材质。 （3）布排有序，并标识其走向和功能。 （4）空气与氧气管道使用规定的易于识别的颜色或标签。 （5）在易受撞击部位加盖保护罩。 （6）管道上的阀件选用铜质或不锈钢材质。 （7）氧气管道不能使用球阀和不锈钢材质。 （8）每年进行一次损坏和腐蚀程度的目视检查和泄漏试验。 （9）每三年进行一次最高工作压力 1.5 倍的液压试验或最高工作压力 1.15 倍的气压试验	更换或报废
十四、甲板减压舱检查		
1	《空气潜水安全要求》： （1）应符合 GB/T 16560 的相关要求，安装在船舶或海上设施上时，还应参照 CCS《潜水系统和潜水器人级与建造规范》的相关规定。 （2）应能承载 0.5MPa 以上的工作压力。 （3）舱内外应有双向通信系统、应急通信系统和呼叫装置。 （4）进出舱体的管道和电缆应有贯舱件。 （5）进出舱体的管道应有内外截断阀。 （6）舱室内部加压进气口应安装消音器，减压排气口应安装防吸入保护罩。 （7）生活舱内应安装显示舱内压力的压力表。 （8）所有阀件、仪器仪表、管道应标识其功能。 （9）所有仪器仪表应符合 5.10 的相关要求。 （10）每年应进行一次舱体（包括观察窗）的损坏和腐蚀程度目视检查和最高工作压力气压试验。 （11）舱体应按 TSG R7001 或参照 CCS《潜水系统和潜水器人级与建造规范》进行定期检查，安全阀按 GB/T 12243 每年进行一次检定。 （12）应有识别编号、维护保养程序和记录	更换或报废
图示： 		

续表

序号	检　查　标　准	处　置　措　施
2	舱内供气是否充足，呼吸是否畅通如配舱外排氧装置，功能是否正常	更换或报废
3	急救药材、药品和手册是否在位，是否符合配备要求	更换或报废
4	舱门是否无变形和破损，密封圈是否无破损、老化和开裂，气密性能是否良好，加压后泄漏率是否在规定范围内	更换或报废
5	阀件是否无变形和破损、功能正常，且无泄漏	更换或报废
6	舱内外是否配备有效期内的消防器材	更换或报废
十五、潜水控制面板检查		
1	《空气潜水安全要求》： （1）连接呼吸气源与潜水员之间的、用于控制潜水作业的潜水控制面板应至少包括供气阀、排气阀、调压阀、气源压力表、供气压力表、测深表和通信装置等。 （2）应有至少供两名潜水员独立使用的供气管道。 （3）应有分别连接主气源和应急气源的接口。 （4）应有两只以上气源压力表。 （5）应有潜水员供气压力表和测深表。 （6）供气管道上应有泄放管道内压力的泄放口。 （7）供气管道上应有气体分析取样口。 （8）应标识阀门、管道和仪器仪表的功能。 （9）应有识别编号、维护保养程序和记录	更换或报废
图示：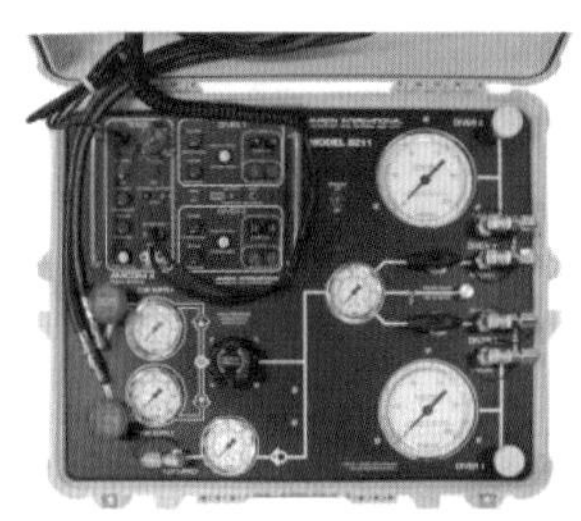		
十六、入出水系统检查		
1	潜水梯： （1）能承受两名潜水员的体重和装具的重量。 （2）由抗腐蚀或经防腐蚀处理的材料制造。 （3）长度满足下端能放置水面以下不小于 1m，上端高出潜水站地面（或甲板面）不小于 1m。 （4）有供潜水员扶持的扶手	更换或报废
2	潜水吊笼： （1）有足够的内部空间，能容纳两名潜水员及其装具。 （2）能承受两名潜水员的体重和装具的重量，以及相关作业工具的重量。 （3）由抗腐蚀或经防腐蚀处理的材料制造。	更换或报废

续表

序号	检 查 标 准	处 置 措 施
2	（4）顶部有起吊环（孔）和备用起吊点。 （5）有安全防护链和内部扶手。 （6）有固定丧失知觉潜水员的装置。 （7）有两只以上应急空气气瓶，其容量能满足营救需要。 （8）有减压器、呼吸器和带球阀的直供式呼吸气体供气软管。 （9）顶部有坠物防护网	更换或报废
3	开式潜水钟： （1）符合潜水吊笼的相关要求。 （2）上部设为充填呼吸用压缩空气的空间。 （3）有为潜水钟供气、供电和通信等用途的脐带，脐带不得承受超过其安全负荷的拉力。 （4）钟内有为潜水员供气和通风的供气阀。 （5）有照明装置。 （6）标识贯穿件、阀件、管道和仪器仪表的功能	更换或报废
十七、吊放系统检查		
1	《空气潜水安全要求》： （1）应参照 CCS《潜水系统和潜水器人级与建造规范》的相关要求设计、建造、安装和试验。 （2）吊放潜水吊笼或开式潜水钟入出水的吊放系统应至少包括门架或吊臂或绞车、吊索和底座以及动力源。 （3）应有自动刹车和机械制动式后备刹车装置；配备离合器时，应有防止离合器自动脱开的保护装置。 （4）起吊潜水吊笼或潜水钟的防扭转吊索应能承载八倍的起吊最大工作负荷，每年取样进行一次破断试。 （5）吊索与潜水吊笼吊点的连接应采用带螺母和开口销的螺母插销。 （6）潜水钟脐带用作回收系统的一部分时，应有脐带运行终止装置；传动角度超过 2°时，应安装一个滑轮装置。 （7）在海上使用时，应参照 CCS《潜水系统和潜水器人级与建造规范》每年进行一次检验。 （8）在安装、改装、修理或发生故障后，应全面检查并试运行，再以该吊放系统的 1.5 倍安全工作负荷重新试验。 （9）应有识别编号、维护保养程序和记录	更换或报废
十八、通信系统检查		
1	《空气潜水安全要求》： （1）通信系统应为双向语音式通信装置。 （2）下列通信方式应为有线通信： 1）潜水监督与潜水员、预备潜水员之间的通信，SCUBA 潜水时除外； 2）从 DP 船上展开潜水作业时，潜水控制室与驾驶室之间的通信； 3）ROV 协同潜水作业时，潜水控制与 ROV 控制室之间的通信。 （3）应有备用电源。 （4）潜水监督应能听到潜水员与其他人员的通信，以及潜水员	更换或报废

续表

序号	检查标准	处置措施
1	呼吸的声音。 （5）潜水监督应能切断潜水员与其他人员之间的通信，确保潜水监督与潜水员之间的通信畅通。 （6）应有识别编号、维护保养程序和记录	更换或报废
十九、电气系统检查		
1	《空气潜水安全要求》： （1）应参照 CCS《潜水系统和潜水器人级与建造规范》的相关要求设计、建造、安装和试验。 （2）供电系统应由电源和应急电源组成。 （3）应急电源应满足潜水员减压或治疗所需时间的应急照明与通信的需要。 （4）单一线路的故障不应妨碍其他设备的运行。 （5）每六个月进行一次外观检查与性能测试，包括电缆的阻抗与连续性测试。 （6）应有维护保养程序和记录	更换或报废
二十、仪器和仪表检查		
1	《空气潜水安全要求》： （1）压力表、测深表的量程应适当，最大工作压力应为全量程的 2/3。 （2）压力表、测深表的刻度应清晰，测深表的单位刻度划分应与使用的减压表相一致。 （3）氧气管道上的压力表应符合用氧要求。 （4）一般压力表应按 JJG 52 每六个月进行一次检定，精密压力表（测试表）应按 JJG 49、氧分析仪应参照 JJG 365、二氧化碳分析仪应参照 JJG 635 每年进行一次检定，温度计、湿度计和计时器应根据七类型参照相应的计量标准每年进行一次校验。 （5）应标识最近的校准日和限定的下次校准日期。 （6）应标明与校准标准的偏差。 （7）当示值误差超过 2%时，应重新校准；计时器在 4 小时内偏差大于 15s 时，不能使用。 （8）应有识别编号和维护保养程序、校准记录	更换或报废

2.10 液压冲击锤隐患排查

液压冲击锤隐患排查见表 2-10。

表 2-10　液压冲击锤隐患排查表

序号	检查标准	处置措施
一、技术资料检查		
1	维修保养记录：维修保养检查记录应完整、齐全	完善维修保养记录
2	日常检查记录：检查记录完整、齐全	完善检查记录

续表

<table>
<tr><th>序号</th><th>检 查 标 准</th><th>处 置 措 施</th></tr>
<tr><td colspan="3">二、桩锤检查</td></tr>
<tr><td>1</td><td>目测检查锤帽、锤身、锤头各部位应无油污、水迹、锈迹</td><td>对各部件进行清洁</td></tr>
<tr><td>2</td><td>目测检查锤帽、锤身、锤头各部位应在船舶甲板上固定牢固</td><td>将各部件进行绑扎固定或固定在专用鞍座上</td></tr>
<tr><td colspan="3">常见隐患：

甲板振动锤存放处葫芦吊钩及链条锈蚀严重
标准图示：

桩锤放置在专用鞍座上</td></tr>
<tr><td colspan="3">三、动力站检查</td></tr>
<tr><td>1</td><td>动力站张贴操作规程、责任信息牌、警示标识等</td><td>张贴相应操作规程、责任信息牌、警示标识</td></tr>
<tr><td>2</td><td>动力站内外部应无油污、积水和其他杂物</td><td>对动力站进行清理、清洁</td></tr>
<tr><td>3</td><td>动力站保护罩、柴油机、油箱、阀组、油泵等各部位表面应无严重的锈蚀脱漆、损伤等缺陷</td><td>对动力站进行除锈、防腐处理</td></tr>
<tr><td>4</td><td>动力站内液压油路接口连接牢固，油路无老化、龟裂、漏油</td><td>对存在缺陷接口和液压管进行维护或更换</td></tr>
<tr><td colspan="3">四、液压油管检查</td></tr>
<tr><td>1</td><td>液压油管各接口连接牢固，有防脱装置</td><td>对存在缺陷接口进行维护；增加防脱装置</td></tr>
<tr><td>2</td><td>外接油管保护层完好，无磨损、变形、扭结、挤压现象</td><td>对外接液压管进行清理，做好保护措施；磨损严重的进行更换</td></tr>
<tr><td>3</td><td>所有外接液压油管应绑扎成束，绑扎应牢固、可靠</td><td>对外接液压油管绑扎成束</td></tr>
<tr><td>4</td><td>液压油管经过区域应无热源和运动物</td><td>做好热源隔离措施；作业时张贴相应警示标识</td></tr>
</table>

续表

序号	检 查 标 准	处 置 措 施

常见隐患：

油管外塑胶保护层破损，油管外编织钢丝层锈蚀、断裂

液压泵站油管接头处漏油

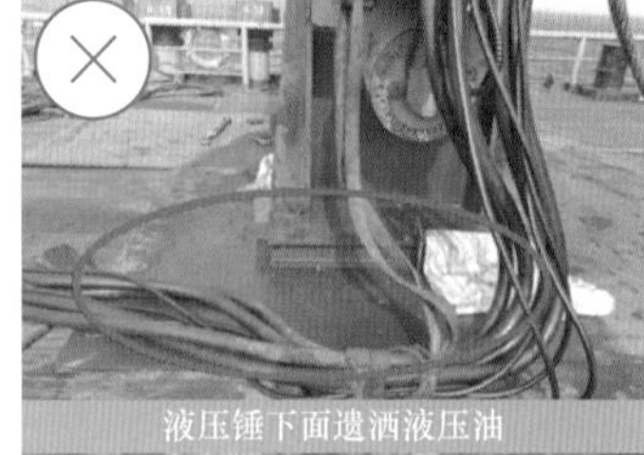
液压锤下面遗洒液压油

标准图示：

液压管绑扎牢固、保护层完好

五、电气系统		
1	控制柜内各仪表指示正常，有定期检定记录	对控制柜内仪表进行检查维护
2	控制柜内压力表、油位表、温度表的数值在允许范围内（相应数据参考其使用说明书）	停机检查，消除隐患缺陷
3	控制柜内电气线路应布置规范整齐，无裸露电线、接头，无私接乱搭现象	对裸露电线、接头进行绝缘处理；切断私接电线

常见隐患：

震动锤电缆被重管线压放，引起破坏

液压锤的发电机区域电缆和管线凌乱

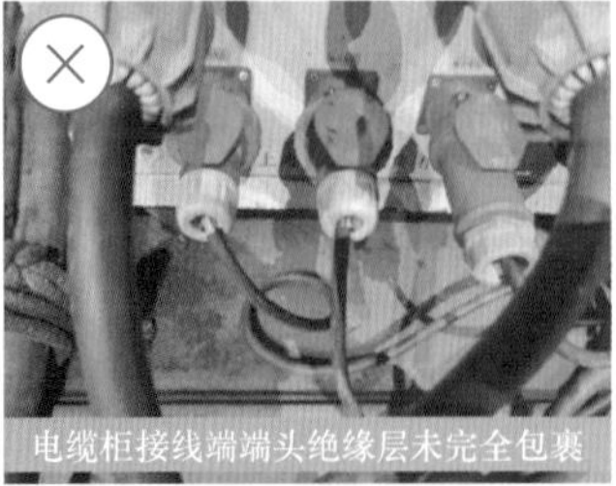
电缆柜接线端端头绝缘层未完全包裹

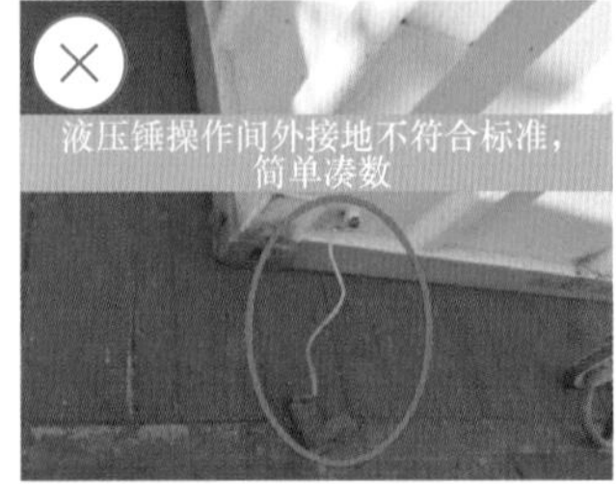
液压锤操作间外接地不符合标准，简单凑数

续表

<table>
<tr><th>序号</th><th>检 查 标 准</th><th>处 置 措 施</th></tr>
<tr><td colspan="3">标准图示： 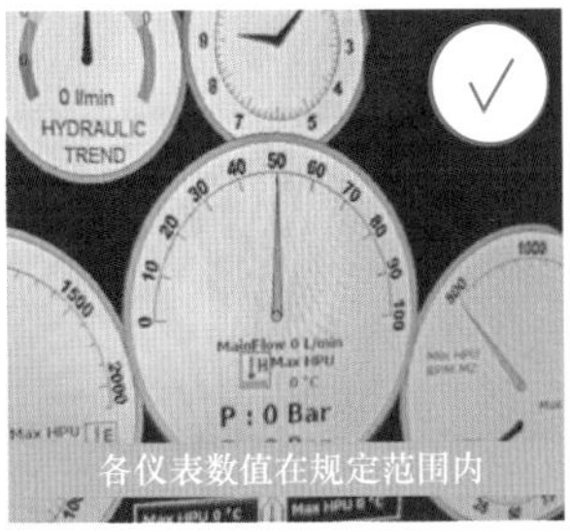
各仪表数值在规定范围内</td></tr>
<tr><td colspan="3">六、吊装工器具</td></tr>
<tr><td>1</td><td>起重吊装钢丝绳、卸扣应有定期检测记录，并有悬挂铭牌</td><td>对未定检吊索具进行定检或更换为已定检吊索具</td></tr>
<tr><td>2</td><td>起重吊装钢丝绳应无断股、漏芯严重扭曲等情况</td><td>更换断股、漏芯起重吊装钢丝绳/吊带</td></tr>
<tr><td>3</td><td>卸扣应完好，无变形、裂纹，配件齐全</td><td>更换变形、开裂卸扣；更换合格开口销</td></tr>
<tr><td colspan="3">常见隐患： 
液压锤起吊钢丝绳接头脱出 
液压锤钢丝绳扭曲严重 
钢丝绳跳股</td></tr>
<tr><td colspan="3">七、作业区域管控</td></tr>
<tr><td>1</td><td>桩锤起吊时应建立作业控制区，禁止无关人员进入</td><td>建立作业控制区，做好人员管控</td></tr>
</table>

2.11 安全投入隐患排查

根据《企业安全生产费用提取和使用管理办法》（财资〔2022〕136 号）和《海上风电安全投入模型》编制安全投入隐患排查标准，见表 2-11。

表2-11　　安全投入隐患排查表

<table>
<tr><th>序号</th><th>检查标准</th><th>处置措施</th></tr>
<tr><td colspan="3">一、安全投入保障</td></tr>
<tr><td>1</td><td>施工单位专项核算和归集安全生产费用，真实反映安全生产条件改善投入，不得挤占、挪用</td><td>发函于施工单位并按照要求进行处罚</td></tr>
<tr><td>2</td><td>海上风电建设工程施工单位以建筑安装工程造价为依据，于月末按工程进度计算提取企业安全生产费用。提取标准如下：
（1）房屋建筑工程 3%；
（2）水利水电工程、电力工程 2.5%；
（3）市政公用工程、港口与航道工程 1.5%</td><td>限期整改</td></tr>
<tr><td>3</td><td>建设单位应当在合同中单独约定并于工程开工日一个月内向施工单位支付至少 50%安全生产费用</td><td>发函督促，限期整改</td></tr>
<tr><td>4</td><td>施工单位应当在合同中单独约定并于分包工程开工日一个月内将至少 50%企业安全生产费用直接支付分包单位并监督使用，分包单位不再重复提取</td><td>发函于施工单位，限期整改</td></tr>
<tr><td colspan="3">二、安全投入计划</td></tr>
<tr><td>1</td><td>在开工后一周内参考《海上风电工程安全生产投入模型》编制《安全投入计划》，确保安全投入有效</td><td>限期整改</td></tr>
<tr><td>2</td><td>施工单位按照合同中《海上风电工程安全投入模型》的规定建立《安全投入项目清单》</td><td>限期整改</td></tr>
<tr><td colspan="3">《企业安全生产费用提取和使用管理办法》：
第十九条　建设工程施工企业安全生产费用应当用于以下支出：
（一）完善、改造和维护安全防护设施设备支出（不含“三同时”要求初期投入的安全设施），包括施工现场临时用电系统、洞口或临边防护、高处作业或交叉作业防护、临时安全防护、支护及防治边坡滑坡、工程有害气体监测和通风、保障安全的机械设备、防火、防爆、防触电、防尘、防毒、防雷、防台风、防地质灾害等设施设备支出；
（二）应急救援技术装备、设施配置及维护保养支出，事故逃生和紧急避难设施设备的配置和应急救援队伍建设、应急预案制修订与应急演练支出；
（三）开展施工现场重大危险源检测、评估、监控支出，安全风险分级管控和事故隐患排查整改支出，工程项目安全生产信息化建设、运维和网络安全支出；
（四）安全生产检查、评估评价（不含新建、改建、扩建项目安全评价）、咨询和标准化建设支出；
（五）配备和更新现场作业人员安全防护用品支出；
（六）安全生产宣传、教育、培训和从业人员发现并报告事故隐患的奖励支出；
（七）安全生产适用的新技术、新标准、新工艺、新装备的推广应用支出；
（八）安全设施及特种设备检测检验、检定校准支出；
（九）安全生产责任保险支出；
（十）与安全生产直接相关的其他支出。
具体使用类型及设备设施器材等详见《海上风电工程安全生产投入模型》。</td></tr>
<tr><td colspan="3">三、安全投入实施</td></tr>
<tr><td>1</td><td>施工单位对列入建设工程概算的安全作业环境及安全施工措施所需的安全生产费用，应按照批准的《安全投入计划》和《安全投入项目清单》用于完善、改造和维护安全防护设施设备，应急救援技术装备、设施配置及维护保养，事故逃生和紧急避难设施设备的配置和应急救援队伍建设、应急预案编制修订与应急演练等符合《海上风电工程安全生产投入模型》规定的各项支出，不得挪作他用</td><td>发函于施工单位并按照要求进行处罚</td></tr>
</table>

续表

序号	检 查 标 准	处 置 措 施
2	施工单位的安全投入应覆盖分包单位、施工队及劳务人员；施工单位不得克扣或削减对分包单位的安全投入；施工单位应监督分包单位的安全投入使用情况，并承担相应责任	限期整改，按照要求进行处罚
四、安全费用支付		
1	剩余50%安全措施费根据工程建设进度按合同约定的方式按月、季或其他约定的期限进行支付	限期整改
2	申请费用当期应有安全业绩证明并经发包人现场施工管理部门和安健环监管部门审核确认	限期整改
3	支付申请资料应有与申请金额相等的合法商业或税务发票（发票日期应与申请支付期限吻合，且备注所使用的海上风电项目名称），以及物资或活动的照片等证明性材料	限期整改或当期/下期支付时核减
4	工程竣工决算后结余的企业安全生产费用，应当退回建设单位	限期整改

2.12 应急管理隐患排查

应急管理隐患排查见表2-12。

表2-12　　应急管理隐患排查表

序号	检 查 标 准	处 置 措 施
一、应急管理制度		
1	应急相关的管理制度应满足法律法规及政府要求，与发包人相关程序体系相衔接，并根据发包人要求和项目实际情况不断完善	限期整改
二、应急组织		
1	按法律法规及发包人要求，建立健全应急管理组织机构，明确职责。并根据发包人要求和项目实际情况不断更新	限期整改
2	所有应急值班人员应经授权培训后上岗，具备本岗位应急值班能力	限期整改
三、应急准备		
1	应急需求分析：以项目为周期对业务活动开展HSE风险评估，识别潜在突发事件或事故，分析、评估事故风险及可能场景，提前策划、准备、部署相关应急资源，如应急人员、应急响应设备等。 应急需求分析应根据下列情况进行复核： （1）重大事故； （2）重大工程建设变更； （3）应急演练或事故应急反馈； （4）重大外部环境变化	限期整改

续表

序号	检查标准	处置措施
2	应急预案：根据应急需求分析（含法律法规、政府及发包人要求），编制完善应急预案，并按要求组织升版，确保应急预案可操作、可执行	限期整改
3	应急通信保障：各承包人应建立健全应急通信保障体系，充分利用公用通信网络、甚高频对讲机、卫星电话等多种通信形式，确保突发事件应对工作的通信畅通	限期整改
4	应急物资保障： （1）建立应急设施、设备和物资台账、管理制度，明确应急设施、设备和物资管理的责任分工，定期对应急设施、设备和物资进行清点检查、维护和测试，使其处于正常状态，并做好相关记录，保证应急设施设备和物资处于随时可用状态。 （2）加强综合保障能力建设，加强应急物资的储备，满足突发事件处置需求，同时积极了解和掌握所在地周边应急资源情况，通过互助协议等形式满足应急资源需求。 （3）建立应急交通保障制度，确保紧急情况下应急人员第一时间能够赶赴现场开展应急救援。 （4）根据需要积极利用应对突发事件预防、监测、预警、应急处置与救援的新技术、新设备和新工具，定期检测、维护报警装置和应急救援设备、设施，使其处于良好状态，确保正常使用	限期整改

一、海上作业应急预案

序号	应急预案		应急物资
1	通用要求： （1）签订直升机救援协议； （2）签订医疗服务协议； （3）急救箱； （4）符合海事要求的船舶救生设备； （5）应急通信设备（甚高频对讲设备、海事卫星电话等）； （6）担架（带有身体固定装置及可吊运）； （7）防疫物资； （8）AED（自动体外除颤仪）（主要作业船舶配置）		
2	三防专项应急预案	防台风、防暴雨、防雷暴	拖轮及拖带装备、应急车辆
3	船舶应急预案体系	碰撞、搁浅、触礁、触碰、火灾爆炸、自沉、操作性污染、弃船、人员落水等	应急守护船、应急车辆
4	自升式平台插拔桩突发事件应急预案	桩腿穿刺、折弯、滑移	应急守护船、应急车辆
5	起重设备损坏专项应急预案	起重伤害、起重设备损坏	应急守护船、应急车辆

续表

<table>
<tr><th>序号</th><th>检 查 标 准</th><th>处 置 措 施</th></tr>
<tr><td colspan="3">
续表
<table>
<tr><th>序号</th><th colspan="2">应急预案</th><th>应急物资</th></tr>
<tr><td>6</td><td>潜水作业突发事件应急预案</td><td>淹溺</td><td>（1）预备潜水员；
（2）应急气瓶；
（3）紧急救助联络表（潜水从业单位作业主管、安全主管、业主单位主管、海上救助单位、最近的医院、最近的具备减压舱的单位以及随时可以咨询的潜水医师）；
（4）急救药品、器材、急救手册和存量清单</td></tr>
<tr><td>7</td><td>传染病应急预案</td><td>传染病</td><td>应急船舶</td></tr>
<tr><td>8</td><td>食物中毒应急预案</td><td>食物中毒</td><td>应急船舶</td></tr>
<tr><td>9</td><td>治安保卫事件应急预案</td><td>治安事件；阻工事件</td><td>应急船舶</td></tr>
<tr><td>10</td><td>综合应急预案</td><td>人员伤害、高处坠落、物体打击等</td><td>应急船舶</td></tr>
<tr><td colspan="4">二、陆上作业应急预案清单</td></tr>
<tr><td>1</td><td>突发事件综合应急预案</td><td>人员伤亡、治安保卫、公共卫生、消防、交通伤害、食物中毒等</td><td>医疗资源：急救箱、担架；
应急交通：应急车辆</td></tr>
<tr><td>2</td><td>三防专项应急预案</td><td>防台风、防暴雨、防雷暴</td><td>应急车辆、三防固定物资</td></tr>
</table>
</td></tr>
<tr><td>5</td><td>应急培训：根据法律法规、预案及发包人要求，编制培训计划，组织开展应急相关培训。应急预案的内容应与应急有关人员进行有效沟通，相关沟通和培训应保留记录</td><td>限期整改</td></tr>
<tr><td>6</td><td>应急演练：
（1）根据法律法规、预案及发包人要求，编制演练计划，组织开展针对性的应急预案演练，通过对演练总结和有效性评估，持续完善预案。
（2）为所有在船人员（除船员外）制作应急处置卡，并张贴在宿舍床头，或者制作成卡片随身携带。
（3）针对“重要首次”施工（风机吊装、基础施工、潜水作业），应在施工前组织对应的应急演练，以检验有效性</td><td>限期整改</td></tr>
<tr><td>7</td><td>应急检查：根据法律法规及发包人要求，组织开展应急相关检查，确保应急管理各项工作有效开展</td><td>限期整改</td></tr>
</table>

续表

序号	检查标准	处置措施
四、应急监测与预警		
1	应做好海洋水文与气象预报工作，采购区域准确的气象预报服务，负责每日在施工群中发布。根据船机设备的设计工况，合理制定施工作业时间。一旦发现有可能危及工程和人身财产安全的气象灾害的预兆时，应立即采取有效的防灾措施	限期整改
五、应急处置与救援		
1	突发事件发生后，应立即启动专项应急预案或现场处置方案，根据事件性质、特点和危害程度，组织应急力量，采取应急处置措施。执行发包人发布的应急响应指令并及时回复	限期整改
六、后期处置		
1	发生突发事件的单位应及时查明突发事件的发生经过和原因，总结突发事件应急处置工作的经验教训，制定改进措施，编制应急总结报告，按要求报送。对安全和环保事故，坚持“四不放过”原则，按照事故调查处理的有关规定开展事故调查，并对相关责任部门和责任人进行处理	限期整改

第3章

起 重 吊 装

3.1 塔吊隐患排查

塔吊隐患排查见表3-1。

表3-1　　塔吊隐患排查表

序号	检查标准	处置措施
一、技术资料检查		
1	随行文件：查验使用说明书、出场合格证等随行文件未丢失	整改 维护
常见隐患： 使用说明书、出场合格证缺失		
2	检查记录：查验之前的检查记录完整、无未处理缺陷	整改 维护
常见隐患： （1）检查记录不连续。 （2）检查记录与国标（此表）、使用说明书检查项有较大差距。 （3）定期检查人员技能不符合要求。 （4）检查结论含糊不清，以观察使用代替合格。 （5）检查记录均为正常，与现场实际有较大偏差		
3	维护记录：查验之前的维修记录完整、无未验证的维修	整改 维护
常见隐患： 缺少维修记录，或维修记录不完整		
4	设备档案：查验设备档案完整、无未处理的持续出现故障	整改 维护
常见隐患： （1）无独立的设备档案，检查时到处找资料。 （2）第三方年检记录上有缺陷未进行处理		
二、整机检查		
1	压重：目测压重固定可靠、无移位	调整

续表

<table>
<tr><th>序号</th><th>检 查 标 准</th><th>处 置 措 施</th></tr>
<tr><td colspan="3">常见隐患：

压重有移位</td></tr>
<tr><td>2</td><td>目测基础无积水及异常变动</td><td>调整</td></tr>
<tr><td colspan="3">常见隐患：
</td></tr>
<tr><td>3</td><td>侧向垂直度：经纬仪测量塔身侧向垂直度符合 GB/T 5031 的规定（1/1000）</td><td>调整</td></tr>
<tr><td>4</td><td>连接销轴：目测各连接销轴已按说明书要求锁定、采用开口销定位时，开口销已按规定张开</td><td>调整</td></tr>
<tr><td colspan="3">常见隐患：

没有开口销
标准图示：
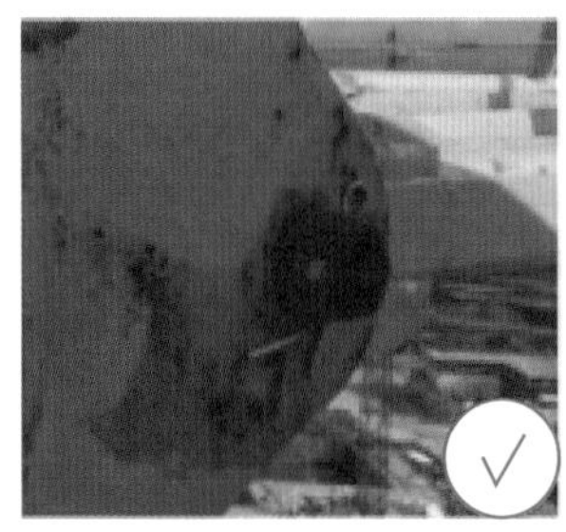
常见隐患：

顶升油缸销轴几乎退出

销轴压板损坏，失去防脱功能

用铁丝代替</td></tr>
</table>

续表

<table>
<tr><th>序号</th><th>检 查 标 准</th><th>处 置 措 施</th></tr>
<tr><td>5</td><td>螺栓连接：目测各连接螺栓已按说明书要求拧紧、锁定无松动。空回转左右运行一圈无异常晃动与振动</td><td>调整</td></tr>
<tr><td colspan="3">常见隐患：
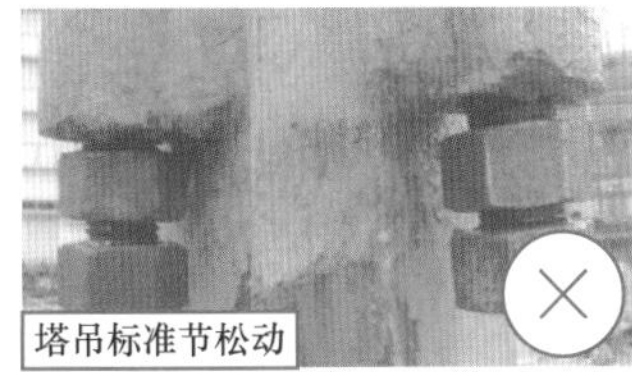
塔吊标准节松动

标准节间因螺栓未紧固而出现缝隙

螺栓被焊接固定</td></tr>
<tr><td>6</td><td>电缆已按要求固定</td><td>调整</td></tr>
<tr><td colspan="3">标准图示：
</td></tr>
<tr><td colspan="3">三、结构检查</td></tr>
<tr><td>1</td><td>（1）目测底架主梁结构无塑性变形。底架焊缝无可见裂纹。
（2）塔身节主弦杆无塑性变形、标准节连接接头销轴孔横断面无颈缩变形。塔身节腹杆无塑性变形，焊缝无可见裂纹。连接接头焊趾部位焊缝无裂纹。
（3）上下支座各筋板焊缝无可见裂纹。开式齿轮磨损在允许范围内。
（4）目测回转塔身、塔顶（A 字架）主弦杆无塑性变形或开裂，腹杆无塑性变形、焊缝无可见裂纹。
（5）目测臂架节主弦杆无塑性变形。接头轴孔横断面无颈缩变形。臂架小车轨道踏面磨损最深处不超出相应弦杆壁厚的 25%。用测厚仪测量弦杆壁厚，锈蚀未超出原壁厚的 10%。
（6）前后拉杆接头轴孔横断面无颈缩变形。连接耳板焊缝无可见裂纹。
（7）平衡臂主弦杆无塑性变形，接头轴孔横断面无颈缩变形。焊缝无可见裂纹</td><td>维修</td></tr>
</table>

续表

<table>
<tr><th>序号</th><th>检 查 标 准</th><th>处 置 措 施</th></tr>
<tr><td colspan="3">常见隐患：

标准节出现裂纹</td></tr>
<tr><td>2</td><td>附着：目测结构无变动，连接紧固无松动</td><td>维护</td></tr>
<tr><td colspan="3">常见隐患：

尽量避免附着设置在阳台等悬挑结构上
标准图示：

常见隐患：

附着弯曲

附着禁止使用螺纹钢
常见隐患：

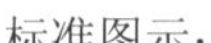
拉杆缺少止退螺栓
标准图示：
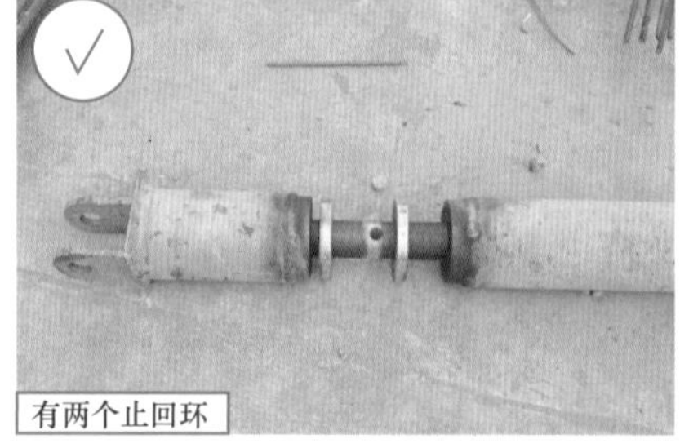
有两个止回环</td></tr>
</table>

续表

<table>
<tr><th>序号</th><th>检 查 标 准</th><th>处 置 措 施</th></tr>
<tr><td colspan="3">四、机构检查</td></tr>
<tr><td>1</td><td>起升机构/变幅机构、回转机构/运行机构：
（1）每天应对制动器进行检查，重点是检查制动闸瓦和制动轮之间的间隙是否合适（0.5～1mm）。
（2）检查制动闸瓦是否过度磨损（磨损量超过厚度的 50%就应更换）。
（3）摩擦面上无污物。
（4）制动器无可见裂纹。
（5）制动轮表面磨损量达 1.5～2mm。
（6）弹簧出现塑性变形。
（7）空运转无异常噪声、制动动作可靠。
（8）目测箱体及卷筒支座无可见裂纹</td><td>维修</td></tr>
<tr><td colspan="3">五、关键零部件检查</td></tr>
<tr><td>1</td><td>吊钩：
（1）表面有裂纹。
（2）钩尾和螺纹部分等危险截面及钩筋有永久性变形。
（3）挂绳处截面磨损量超过原高度的 10%。
（4）心轴磨损量超过其直径的 5%。
（5）开口度比原尺寸增加 15%。
（6）目测吊钩螺母固定无变化、防脱钩装置完整有效</td><td>报废</td></tr>
<tr><td colspan="3">常见隐患：　　　　标准图示：

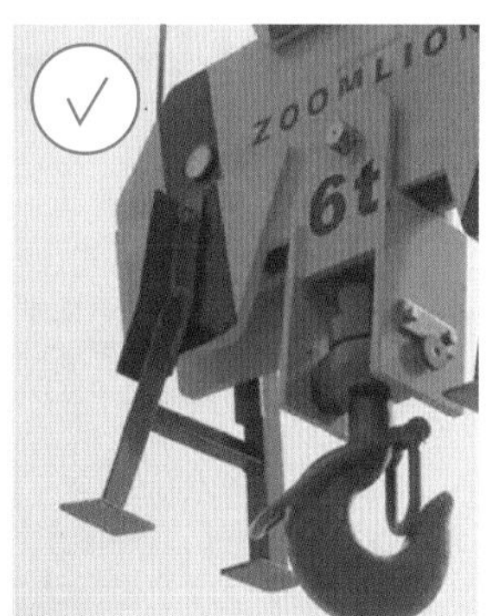

</td></tr>
</table>

续表

序号	检 查 标 准	处 置 措 施
2	小车：目测钢丝绳防脱槽装置、小车防断绳保护装置、防坠落保护装置完好且符合 GB/T 5031 的规定	维护
常见隐患：   		
3	目测起升、变幅钢丝绳已按规定保养，未达到 GB/T 5972 的报废规定。此标准单独列表说明	报废
4	钢丝绳防脱装置：滑轮、起升卷筒及动臂变幅卷筒均应设有钢丝绳防脱装置，该装置与滑轮或卷筒侧板最外缘的间隙不应超过钢丝绳直径的 20%	维护
常见隐患： 项目塔吊图示：防脱装置变形引发“防脱装置与卷筒侧板间隙出现非同一平面的间隙” 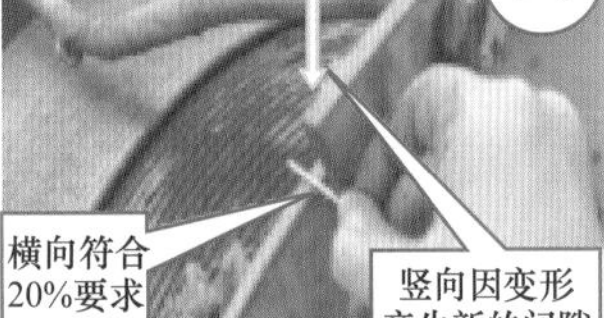 标准图示：  		
5	滑轮与卷筒： （1）裂纹或轮缘破损。 （2）卷筒壁厚磨损量达原壁厚的 10%。 （3）滑轮绳槽壁厚磨损量达原壁厚的 20%。 （4）滑轮槽的磨损量超过相应钢丝绳直径的 25%。 （5）钢丝绳防脱挡绳杆与滑轮边缘间隙大于 2mm 时应更换	报废
6	电缆：电缆无老化与破损、防护可靠。测量对地绝缘电阻符合 GB/T 5031 的规定。 （1）零线不能接塔身，接地电阻不得大于 4Ω。 （2）导线对其绝缘电阻值不得低于 1MΩ	维护
六、安全防护系统检查		
1	起重量限制器： （1）按 GB/T 5031 方法验证精度符合其规定。 （2）当起重量大于最大额定起重量并小于额定 110%起重量时，塔机应停止起升作业，允许下降减小幅度方向的运动	维护

续表

<table>
<tr><th>序号</th><th>检 查 标 准</th><th>处 置 措 施</th></tr>
<tr><td colspan="3">常见隐患：
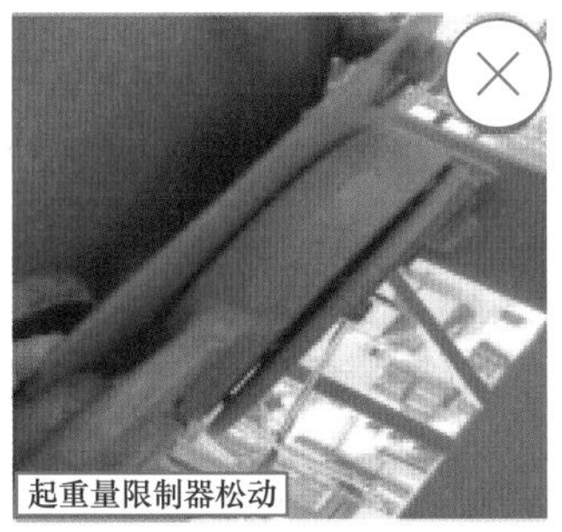
起重量限制器松动

</td></tr>
<tr><td>2</td><td>起重力矩限制器：
（1）按 GB/T 5031 方法验证精度符合其规定。
（2）起重力矩限制器是否动作，重量是否正确</td><td>维护</td></tr>
<tr><td>3</td><td>行程限制器：空载运行试验幅度、高度、行走及回转限位动作灵敏有效</td><td>维护</td></tr>
<tr><td>4</td><td>避雷保护：用接地电阻仪测量塔机接地电阻，阻值应符合 GB/T 5031 的规定。为避免雷击，塔机主体结构、电机机座和所有电气设备的金属外壳、导线的金属保护管均应可靠接地，其接地电阻应不大于 4Ω。采用多处重复接地时，其接地电阻应不大于 10Ω</td><td>维护</td></tr>
<tr><td>5</td><td>急停保护：操作检查急停保护开关灵敏有效</td><td>维护</td></tr>
<tr><td>6</td><td>风速仪：目测风速仪风杯转动无卡阻，显示仪显示正常</td><td>维护</td></tr>
<tr><td>7</td><td>超速保护：目测超速保护开关完好并输出正常</td><td>维护</td></tr>
<tr><td>8</td><td>防臂架后翻装置：目测防止臂架后倾翻的装置零部件完整、位置无变动</td><td>维护</td></tr>
<tr><td>9</td><td>通道与走台：目测塔机各安全通道、走台、工作平台已按说明书要求装设、固定可靠、连接板无影响安全的缺陷</td><td>维护</td></tr>
<tr><td colspan="3">常见隐患：

护栏之间使用铁丝固定
标准图示：
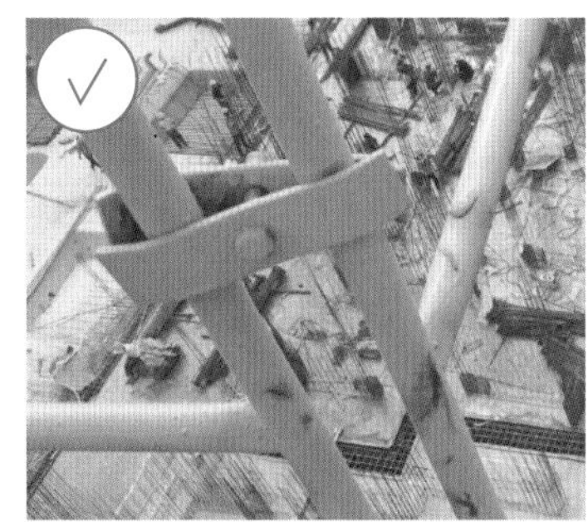</td></tr>
</table>

续表

序号	检　查　标　准	处　置　措　施
常见隐患：  通道不符合要求 标准图示：  通道正确做法		
10	标志与标牌：目测塔机标志与标牌清晰、无缺失	维护
七、司机室		
1	（1）司机室用取暖、降温设备应采用单独电源供电。选用冷暖风机时应选用铁壳防护式，并固定安装、外壳接地。 （2）司机室内应配备符合消防要求的灭火器。 （3）司机室应通风、保暖和防雨，内壁应采用防火材料、地板应铺设绝缘层。 （4）司机室的落地窗应设有防护栏杆	维护

3.2　船用起重机隐患排查

船用起重机隐患排查见表 3-2。

表 3-2　　船用起重机隐患排查表

序号	检　查　标　准	处　置　措　施
一、技术资料检查		
1	人员配备：起重机是否配备了检查、维护、保养人员，人员清单是否在起重机上公示	限期整改
2	检查记录：检查以往的检查记录应完整、无未处理的缺陷	整改 完善
常见隐患： （1）日常检查记录不全、定期检查记录缺项、年度检验报告过期。 （2）检查记录中记录的缺陷未得到处理。 （3）检查项不能包含 GB/T 31052.12—2017 的检查项以及使用说明书的检查项		
二、整机检查		
1	目测检查起重机各处应无垃圾、杂物、遗漏工具等。应无积油、积水	清洁

续表

序号	检 查 标 准	处 置 措 施
2	外观：目测检查起重机各部分表面应无严重的锈蚀脱漆、损伤等缺陷	防腐处理
三、金属结构		
1	金属结构：臂架系统、人字架系统、桁框架系统、转台、圆筒体及基座、平衡系统、机构支座等金属结构的锈蚀（腐蚀达设计厚度的 10%）、裂纹和塑性变形	停工整改
2	结构件焊缝：目测检查各结构焊缝应无可见的裂纹	停工整改
常见隐患：  大臂焊缝出现裂纹		
四、连接件		
1	主要受力构件：目测检查主要受力构件、回转支承及安全防护装置等的连接铰轴和螺栓应无缺损，无松动	维护
常见隐患：  吊臂根部轴销挡板螺栓断裂，止挡损坏		
2	机构、电器元件连接件：目测检查电动机、减速器、制动器、联轴器、安全装置等机构部件的连接螺栓应无缺损，无松动	维护
五、机构		
1	起升机构/变幅机构/放倒机构： 供电装置，通过空载试验检查各机构应无异常声响、震动、运行平稳	维护

续表

<table>
<tr><th>序号</th><th>检 查 标 准</th><th>处 置 措 施</th></tr>
<tr><td>2</td><td>回转机构：目测检查起重机的各个车轮、滚轮应无悬空现象</td><td>维护</td></tr>
<tr><td colspan="3">六、关键零部件</td></tr>
<tr><td>1</td><td>目测检查吊钩闭锁装置、吊钩螺母防松装置应安全有效</td><td>修理</td></tr>
<tr><td>2</td><td>吊钩：检查锻造吊钩的表面裂纹、变形、磨损、腐蚀。
（1）开口尺寸超过原尺寸 10%。
（2）磨损量超过 5%。
（3）扭转角超过 10°</td><td>更换</td></tr>
<tr><td colspan="3">常见隐患：

吊钩局部焊接物品</td></tr>
<tr><td>3</td><td>钢丝绳：目测钢丝绳应未达到报废标准</td><td>更换</td></tr>
<tr><td>4</td><td>钢丝绳跳槽：目测检查卷筒及滑轮上的钢丝绳应无脱槽或跳槽现象</td><td>调整</td></tr>
<tr><td colspan="3">常见隐患：

钢丝绳跳槽

钢丝绳排列不整齐
标准图示：

卷筒上钢丝绳示例</td></tr>
</table>

续表

序号	检 查 标 准	处 置 措 施
5	卷筒： （1）只缠绕一层钢丝绳的卷筒，应做出绳槽。用于多层缠绕的卷筒，应采用适当的排绳装置或便于钢丝绳自动转层缠绕的凸缘导板。 （2）多层缠绕的卷筒，应有防止钢丝绳从卷筒端部滑落的凸缘。当钢丝绳全部缠绕在卷筒后，凸缘应超出最外面一层钢丝绳，超出的高度不应小于钢丝绳直径的 1.5 倍。 （3）当出现影响性能的表面缺陷和筒壁磨损达原壁厚的 20%	更换
6	滑轮： （1）滑轮应有防止钢丝绳脱出绳槽的装置或结构。在滑轮罩的侧板和圆弧顶板等处与滑轮本体的间隙不应超过钢丝绳公称直径的 0.5 倍。 （2）人手可触及的滑轮组，应设置滑轮罩壳。 （3）当滑轮出现影响性能的表面缺陷、轮槽不均匀磨损达 3mm，轮槽壁厚磨损达原壁厚的 20%，因磨损使轮槽底部直径减少量达钢丝绳直径的 50%	修理更换
7	制动器： （1）驱动装置：磁铁线圈或电动机绕组烧损，推动器推力达不到松闸要求或无推力。 制动弹簧：弹簧出现塑性变形且变形量达到了弹簧工作变形量的 10%以上，表面出现 20%以上的锈蚀或有裂纹等缺陷的明显损伤。 （2）传动构件：构件出现影响性能的严重变形，主要摆动铰点出现严重磨损，并且磨损导致制动器驱动形成损失达原驱动行程 25%以上时。 （3）制动衬垫：铆接或组装式磨损量达衬垫原始厚度的 50%，带钢背的卡装式制动衬垫磨损量达原始厚度的 2/3，出现碳化或剥脱面积达到衬垫面积 30%，出现裂纹或严重龟裂现象。 （4）制动轮：表面裂纹，起升变幅机构的制动轮的制动面厚度磨损达原厚度的 40%，其他机构的制动轮，制动面厚度磨损达原厚度的 50%，轮面凹凸不平度达 1.5mm 时，如能修理，修复后制动面要达到要求	更换

常见隐患：

制动器弹簧锈蚀

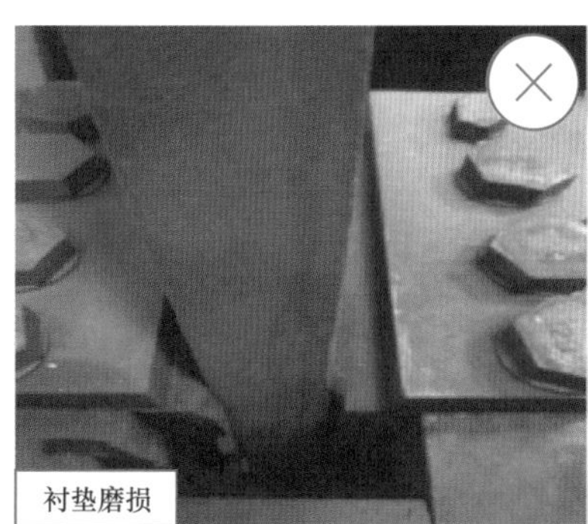

衬垫磨损

续表

序号	检查标准	处置措施
常见隐患： 制动轮锈蚀严重 刹车片打开间隙过大		
8	车轮和滚轮： （1）影响性能的表面裂纹。 （2）轮缘厚度磨损达原厚度的 50%。 （3）轮缘弯曲变形达原厚度的 20%。 （4）踏面厚度磨损达原厚度的 15%。 （5）当运行速度低于 50m/min，时圆度达 1mm；当运行速度高于 50m/min 时，圆度达 0.1mm	更换
9	开式齿轮：目测检查起升机构、变幅机构、牵引机构及回转机构和轮齿塑性变形、裂纹、折断；齿面剥落、点蚀、胶合；检查齿面磨损情况。 （1）轮齿折断大于或等于齿宽的 1/5，轮齿裂纹大于等于齿宽的 1/8。 （2）齿面点蚀面积达轮齿工作面积的 50%	更换
10	排绳装置：目测检查排绳装置应工作正常，滑移无卡阻，螺栓无松动	紧固
11	司机室： （1）目测检查司机室连接部位应无脱焊、松动和裂纹。 （2）目测检查司机室应无裸露的带电体，室内地面绝缘良好。 （3）目测检查司机室门、窗、玻璃、刮水器、防护栏及门锁，应无缺损；门窗、玻璃应清洁、视线清晰	修理 清洁 更换
常见隐患：  司机室锈蚀严重		

续表

序号	检 查 标 准	处 置 措 施
12	联轴器：目测检查联轴器应无缺损、无松动、无漏油，运行中无异常振动和响声	紧固修理
13	减速器：目测检查运转中的减速器应无异响、无异常振动、无漏油和过热现象，减速器安装螺栓无松动	紧固修理
七、电控系统		
1	中心集电器：确保断电状况下，目测检查各接线端子松动情况，电刷与集电环应接触良好。目测检查滑环碳刷磨损情况，清除电刷磨损后的粉末	维护
2	高压开关柜：目测检查柜门关紧状况，主开关位置指示器指示应正确，开关柜不能有异味异响，带电指示器应工作正常。确保断电及已放电情况下，检查活门操作机构动作是否灵活，断路器手车和接地开关之间连锁机构是否正常	维护
3	变压器：目测检查线圈、引线和温控控制箱外观，检查没有温度控制的线路是否正常；目测检查绝缘子、分接连接片、端子板及其他绝缘零件的表面是否清洁；目测检查电力电缆与连接铜排之间的螺栓连接、分接点的螺栓连接是否牢固	维护
4	操纵装置：目测检查各按钮开关应灵活有效，各指示灯应工作正常。各机构操纵手柄应灵活、无卡阻、零位手感明确	维护
5	电动机：目测检查电力电缆与连接铜排之间的螺栓连接、分接点的螺栓连接是否牢固	紧固
6	控制柜（台）及电气设施：目测检查电气连接及接地应可靠并紧固，各段线路线标应清晰	维护/紧固
7	驱动器：目测检查驱动器的风机是否工作正常	清洁/维护
8	制动电阻：目测检查制动电阻有无融化现象；测量电阻片和地之间的绝缘电阻	维护/测量
9	通信：通过功能试验，检查主机与中央控制室的通信应畅通	维护
10	照明：目测检查照明装置应无缺损，工作和照度正常	修理
11	空调系统：目测检查空调工作应正常	维护
八、液压系统		
1	目测检查液压系统应工作正常，无异响、过热现象	维护
2	露天布置的管系，目测检查防腐胶带有无破损或脱落	修复
3	目测检查密封件、液压管路是否泄漏。 注：密封件和液压油视起重机使用情况确定更换时间，最长不超过2年，软管根据厂家推荐的时间更换	更换
4	目测检查电磁阀插头指示灯是否正常	更换
5	目测检查液压油箱油位	维护
6	测量油箱加热器加热前后绝缘电阻	测量

续表

序号	检 查 标 准	处 置 措 施
7	打开油箱底部排油口，检查油液中是否有水	排水
8	目测检查空滤器内干燥剂（若空滤器内含干燥剂）	检查
9	目测检查液压元件的标牌是否脱落	完善
10	检查蓄能器充气压力是否满足要求	充气
11	检查液压箱、阀块、液压阀、液压缸是否清洁。 注：视使用状况确定清洗维护周期，油箱每次换油后需清洗	清洗
九、安全防护装置		
1	起升高度限制器：通过目测和功能试验，检查起升高度限制器应固定可靠、功能有效	更换
2	回转限位：通过功能试验，检查回转限位应固定可靠、功能有效	更换
3	回转锁定装置：目测检查回转锁定装置应无变形、缺损、松动，功能有效	更换
4	起重量限制器：目测检查起重量限制器应固定可靠、功能有效	更换
5	起重力矩限制器：通过功能试验，检查起重力矩限制器应工作正常、重量显示和保护功能准确可靠、误差在允许范围内	维护
6	超速保护装置：目测检查超速保护装置应无缺失	维护
7	接地保护：目测检查联锁装置应无缺损、短接、绑扎等现象	维护
8	声光报警装置：通过功能试验，检查声光报警装置应工作正常	测试
9	标记和警示标志：目测检查起重机标牌、吨位牌、安全警示标志应清晰、无缺失	清洁更换
十、安全防护装置		
1	目测检查通道、平台、斜梯、直梯、栏杆应完好且牢固	修理
常见隐患：  上下层之间无护栏		
2	目测检查各旋转部位的防护罩及防雨罩应牢固、齐全、无破损	修理

续表

序号	检 查 标 准	处 置 措 施
3	目测检查避雷针连接应牢固、接线无松动	维护
4	目测检查松绳检测装置应无损坏，工作正常，功能有效	维护
5	目测检查消防器材的存放位置应正确，灭火器在有效期内	更换
6	目测检查航空障碍指示灯应无损坏、无松动，工作正常有效	维护

3.3 履带式起重机隐患排查

履带式起重机隐患排查见表 3-3。

表 3-3　　履带式起重机隐患排查表

序号	检 查 标 准	处 置 措 施
一、技术资料检查		
1	人员配备：起重机是否配备了检查、维护、保养人员，人员清单是否在起重机上公示	限期整改
2	检查记录：检查以往的检查记录应完整、无未处理的缺陷	整改完善
常见隐患： （1）日常检查记录不全、定期检查记录缺项、年度检验报告过期。 （2）检查记录中记录的缺陷未得到处理。 （3）检查项不能包含 GB/T 31052.12—2017 的检查项以及使用说明书的检查项		
3	随行文件：使用说明书、出场合格证应完整	整改完善
二、整机检查		
1	外观：目测检查起重机各处应无垃圾、杂物、遗漏工具等。起重机应无积油、积水	清洁
常见隐患：  履带式起重机油箱上放置易燃品		
2	外观：目测检查起重机各部分表面应无严重的锈蚀脱漆、损伤等缺陷	防腐处理

续表

序号	检 查 标 准	处 置 措 施
常见隐患：  起重机副臂锈蚀严重		
三、金属结构		
1	金属结构：臂架系统、人字架系统、桁框架系统、转台、圆筒体及基座、平衡系统、机构支座等金属结构的锈蚀（腐蚀达设计厚度的 10%）、裂纹和塑性变形	维护
2	目测检查主要受力结构件外露焊缝应无可见的裂纹	修理
常见隐患：  臂架支撑杆断裂		
四、连接件		
1	连接件： （1）检查平衡重、变速器、分动箱、安全装置的连接铰轴、连接板和螺栓应无缺损和松动。 （2）检查起升减速机、卷筒、回转支承、回转减速机、变幅油缸、制动器、联轴器等机构部件的连接螺栓无缺损和松动。 （3）检查发动机、泵、马达、阀类、中心回转接头、电动机、电控箱等部件的连接螺栓无缺损、松动	紧固 更换

续表

<table>
<tr><th>序号</th><th>检 查 标 准</th><th>处 置 措 施</th></tr>
<tr><td colspan="3">常见隐患：

轴销支挡块松脱</td></tr>
<tr><td colspan="3">五、机构</td></tr>
<tr><td>1</td><td>通过空载试验检查各机构应无异常声响、振动，运行平稳</td><td>维护</td></tr>
<tr><td>2</td><td>通过空载试验检查油缸伸缩自如、运行正常</td><td>维护</td></tr>
<tr><td colspan="3">六、关键零部件</td></tr>
<tr><td>1</td><td>吊钩：目测检查吊钩闭锁装置、吊钩螺母防松装置应安全有效。
检查吊钩销轴应无松动、脱出，轴端固定装置应安全有效。检查锻造吊钩的表面裂纹、变形、磨损、腐蚀。
（1）开口尺寸超过原尺寸 10%。
（2）磨损量超过 5%。
（3）扭转角超过 10°</td><td>修理</td></tr>
<tr><td colspan="3">常见隐患：

吊钩无闭锁装置
标准图示：

</td></tr>
<tr><td>2</td><td>钢丝绳：目测检查卷筒及滑轮上的钢丝绳应无脱槽或跳槽现象</td><td>调整</td></tr>
</table>

续表

序号	检　查　标　准	处　置　措　施
常见隐患：  钢丝绳跳槽	标准图示： 	
3	卷筒： （1）用于多层缠绕的卷筒，应采用适当的排绳装置或便于钢丝绳自动转层缠绕的凸缘导板。 （2）多层缠绕的卷筒，应有防止钢丝绳从卷筒端部滑落的凸缘。当钢丝绳全部缠绕在卷筒后，凸缘应超出最外面一层钢丝绳，超出的高度不应小于钢丝绳直径的 1.5 倍。 （3）当出现影响性能的表面缺陷和筒壁磨损达原壁厚的20%报废。 （4）卷筒挡边无变形、无开裂	更换
4	滑轮： （1）滑轮应有防止钢丝绳脱出绳槽的装置或结构。在滑轮罩的侧板和圆弧顶板等处与滑轮本体的间隙不应超过钢丝绳公称直径的 0.5 倍。 （2）人手可触及的滑轮组，应设置滑轮罩壳。 （3）当滑轮出现影响性能的表面缺陷、轮槽不均匀磨损达 3mm，轮槽壁厚磨损达原壁厚的 20%，因磨损使轮槽底部直径减少量达钢丝绳直径的 50%。 （4）检查滑轮防脱绳装置应安全有效	修理 更换
常见隐患：  钢丝绳防脱装置损坏		
5	制动器制动正常	更换

续表

<table>
<tr><th>序号</th><th>检 查 标 准</th><th>处 置 措 施</th></tr>
<tr><td>6</td><td>齿轮：检查回转机构等开式齿轮的轮齿塑性变形、裂纹、折断，齿面剥落、点蚀、胶合；检查齿面磨损情况。
（1）轮齿折断大于或等于齿宽的 1/5，轮齿裂纹大于等于齿宽的 1/8。
（2）齿面点蚀面积达轮齿工作面积的 50%</td><td>更换</td></tr>
<tr><td>7</td><td>排绳装置：目测检查排绳装置应工作正常，滑移无卡阻，螺栓无松动</td><td>紧固</td></tr>
<tr><td>8</td><td>司机室：
（1）目测检查司机室连接部位应无脱焊、松动和裂纹。
（2）目测检查司机室门、窗、玻璃、刮水器、防护栏及门锁，应无缺损；门窗、玻璃应清洁、视线清晰</td><td>修理
清洁</td></tr>
<tr><td colspan="3">七、电控系统</td></tr>
<tr><td>1</td><td>蓄电池：试验检查蓄电池，应工作正常</td><td>清洁补液</td></tr>
<tr><td colspan="3">常见隐患：
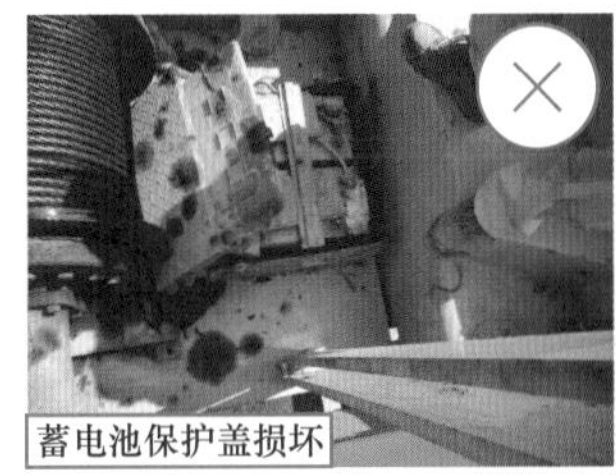
蓄电池保护盖损坏</td></tr>
<tr><td>2</td><td>控制按钮：标识清晰、正确，功能正常</td><td>修理更换</td></tr>
<tr><td>3</td><td>检查控制柜内电气线路及元器件应无过热、烧焦、融化痕迹；元器件应无外表破损；罩壳应无掉落。检查各段线路线标应清晰，接线无松动</td><td>更换
清洁
紧固</td></tr>
<tr><td>4</td><td>空调系统：目测检查空调工作应正常</td><td>维护</td></tr>
<tr><td colspan="3">八、液压系统</td></tr>
<tr><td>1</td><td>检查液压系统管路应无破损、泄漏、松动、扭曲、老化</td><td>修理
更换</td></tr>
<tr><td colspan="3">常见隐患：

液压油管漏油</td></tr>
<tr><td>2</td><td>检查液压系统应工作正常，无异响、过热现象</td><td>维护</td></tr>
</table>

续表

序号	检 查 标 准	处 置 措 施
九、安全防护装置		
1	起升高度限制器：通过目测和功能试验，检查起升高度限制器应固定可靠、功能有效	更换
2	起重量限制器：目测检查起重量限制器应固定可靠、功能有效	调整 更换
3	起重力矩限制器：通过功能试验，检查起重力矩限制器应固定可靠、功能有效	调整 更换
4	钢丝绳过放保护装置：通过功能试验检查过放保护功能是否有效	调整
5	幅度指示器：检查指示装置应无变形、损坏，功能有效	修理 更换
常见隐患：  幅度指示器损坏		
6	检查水平仪应无损坏，功能有效	修理 更换
7	防止起重臂向后倾翻装置：检查防止起重臂向后倾翻装置应无变形、缺损、松动	修理 更换
8	平衡重锁定装置：平衡重锁定装置检查，机械锁定类装置应无变形、缺损、松动，作用有效	修理 更换
9	检查起重机标牌、吨位牌、安全警示标志应清晰、无缺失	清洁 更换
10	检查梯子、平台、走道、护栏应完好且牢固	紧固 修理
11	检查各旋转部位的防护罩及防雨罩应牢固、齐全、无破损	紧固 修理
12	检查风速仪及风速报警器应正常工作	调整 更换
13	作业盲区监视装置应无损坏，功能有效	修理 更换
14	目测检查消防器材的存放位置应正确，灭火器在有效期内	调整 更换

3.4 汽车式起重机隐患排查

汽车式起重机隐患排查见表3-4。

表3-4　　汽车式起重机隐患排查表

序号	检 查 标 准	处 置 措 施
一、技术资料检查		
1	人员配备：起重机是否配备了检查、维护、保养人员，人员清单是否在起重机上公示	限期整改
2	检查记录：检查以往的检查记录应完整、无未处理的缺陷	整改 完善
常见隐患： （1）日常检查记录不全、定期检查记录缺项、年度检验报告过期。 （2）检查记录中记录的缺陷未得到处理。 （3）检查项不能包含GB/T 31052.12—2017的检查项以及使用说明书的检查项		
3	随行文件：使用说明书、出场合格证应完整	整改 完善
常见隐患： （1）缺少使用说明书。 （2）年度检验报告过期		
4	其他档案：检查设备安装、改造、维修、注册登记等其他档案	整改 完善
常见隐患： 未进行使用登记		
二、整机检查		
1	外观：目测检查起重机各处应无垃圾、杂物、遗漏工具等	清洁
常见隐患：  车内吸烟		
2	外观：目测检查起重机各部分表面应无严重的锈蚀脱漆、损伤等缺陷	防腐 处理

续表

序号	检查标准	处置措施
三、金属结构		
1	金属结构：臂架系统、人字架系统、桁框架系统、转台、圆筒体及基座、平衡系统、机构支座等金属结构的锈蚀（腐蚀达设计厚度的10%）、裂纹和塑性变形。主要受力结构件外露焊缝应无可见的裂纹	维护
常见隐患： 副臂锈蚀严重	标准图示： 看整体外观情况	
四、连接件		
1	连接件： （1）检查平衡重、变速器、分动箱、安全装置的连接铰轴、连接板和螺栓应无缺损和松动。 （2）检查起升减速机、卷筒、回转支承、回转减速机、变幅油缸、制动器、联轴器等机构部件的连接螺栓无缺损和松动。 （3）检查发动机、泵、马达、阀类、中心回转接头、电动机、电控箱等部件的连接螺栓无缺损、松动	紧固 更换
五、机构		
1	通过空载试验检查各机构应无异常声响、振动、运行平稳	维护
标准图示： 回转机构有无明显变形及破损，螺栓紧固件有无松动		
六、关键零部件		
1	吊钩：目测检查吊钩闭锁装置、吊钩螺母防松装置应安全有效	修理
常见隐患： 吊钩的完好状态，是否存在裂纹，磨损过度，变形等。用于转动时，应能灵活转动无卡死现象	标准图示：	

续表

<table>
<tr><th>序号</th><th>检 查 标 准</th><th>处 置 措 施</th></tr>
<tr><td>2</td><td>吊钩：检查吊钩销轴应无松动、脱出，轴端固定装置应安全有效。检查锻造吊钩的表面裂纹、变形、磨损、腐蚀。报废标准：
（1）开口尺寸超过原尺寸 10%。
（2）磨损量超过 5%。
（3）扭转角超过 10°</td><td>更换</td></tr>
<tr><td>3</td><td>钢丝绳：目测钢丝绳应未达到报废标准</td><td>更换</td></tr>
<tr><td colspan="3">常见隐患：
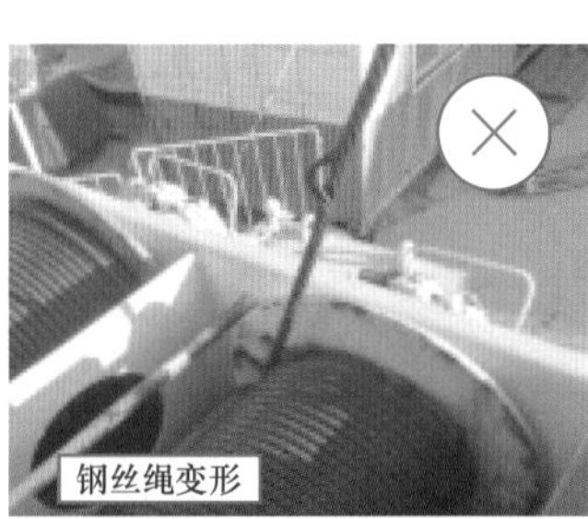

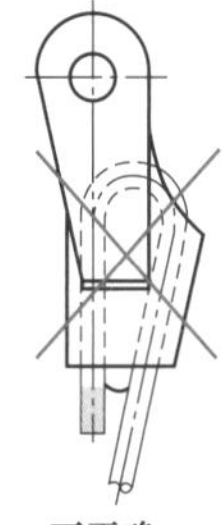
不正确
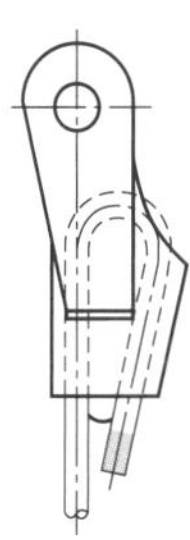
正确

</td></tr>
<tr><td>4</td><td>钢丝绳：目测检查卷筒及滑轮上的钢丝绳应无脱槽或跳槽现象</td><td>调整</td></tr>
<tr><td colspan="3">常见隐患：

标准图示：

</td></tr>
<tr><td>5</td><td>卷筒：
（1）用于多层缠绕的卷筒，应采用适当的排绳装置或便于钢丝绳自动转层缠绕的凸缘导板。
（2）多层缠绕的卷筒，应有防止钢丝绳从卷筒端部滑落的凸缘。当钢丝绳全部缠绕在卷筒后，凸缘应超出最外面一层钢丝绳，</td><td>更换</td></tr>
</table>

续表

序号	检 查 标 准	处 置 措 施
5	超出的高度不应小于钢丝绳直径的1.5倍。 （3）当出现影响性能的表面缺陷和筒壁磨损达原壁厚的20%报废。 （4）卷筒挡边无变形、无开裂	更换
6	滑轮： （1）滑轮应有防止钢丝绳脱出绳槽的装置或结构。在滑轮罩的侧板和圆弧顶板等处与滑轮本体的间隙不应超过钢丝绳公称直径的0.5倍。 （2）人手可触及的滑轮组，应设置滑轮罩壳。 （3）当滑轮出现影响性能的表面缺陷、轮槽不均匀磨损达3mm，轮槽壁厚磨损达原壁厚的20%，因磨损使轮槽底部直径减少量达钢丝绳直径的50%。 （4）检查滑轮防脱绳装置应安全有效	修理 更换
7	制动器： （1）驱动装置：磁铁线圈或电动机绕组烧损，推动器推力达不到松闸要求或无推力。 （2）传动构件：构件出现影响性能的严重变形，主要摆动铰点出现严重磨损，并且磨损导致制动器驱动形成损失达原驱动行程25以上时。 （3）制动衬垫：铆接或组装式磨损量达衬垫原始厚度的50%，带钢背的卡装式制动衬垫磨损量达原始厚度的2/3，出现碳化或剥脱面积达到衬垫面积30%，出现裂纹或严重龟裂现象	更换
8	齿轮：检查回转机构等开式齿轮的轮齿塑性变形、裂纹、折断，齿面剥落、点蚀、胶合；检查齿面磨损情况。 （1）轮齿折断大于或等于齿宽的1/5，轮齿裂纹大于等于齿宽的1/8。 （2）齿面点蚀面积达轮齿工作面积的50%	更换
9	排绳装置：目测检查排绳装置应工作正常，滑移无卡阻，螺栓无松动	紧固
10	司机室： （1）目测检查司机室连接部位应无脱焊、松动和裂纹。 （2）目测检查司机室门、窗、玻璃、刮水器、防护栏及门锁，应无缺损；门窗、玻璃应清洁、视线清晰	修理 清洁
七、电控系统		
1	控制按钮：标识清晰、正确，功能正常	修理更换
2	空调系统：目测检查空调工作应正常	维护
八、液压系统		
1	检查液压系统管路应无破损、泄漏、松动、扭曲、老化	修理 更换

续表

<table>
<tr><th>序号</th><th>检 查 标 准</th><th>处 置 措 施</th></tr>
<tr><td colspan="3">标准图示：

</td></tr>
<tr><td>2</td><td>检查液压系统应工作正常，无异响、过热现象</td><td>维护</td></tr>
<tr><td colspan="3">标准图示：

</td></tr>
<tr><td colspan="3">九、安全防护装置</td></tr>
<tr><td>1</td><td>起升高度限制器：通过目测和功能试验，检查起升高度限制器应固定可靠、功能有效</td><td>更换</td></tr>
<tr><td colspan="3">常见隐患：

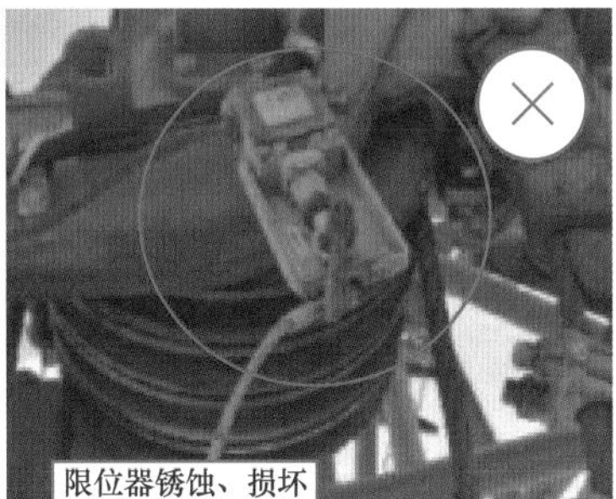

标准图示：
</td></tr>
</table>

续表

<table>
<tr><th>序号</th><th>检 查 标 准</th><th>处 置 措 施</th></tr>
<tr><td>2</td><td>起重量限制器：目测检查起重量限制器应固定可靠、功能有效</td><td>调整
更换</td></tr>
<tr><td>3</td><td>起重力矩限制器：通过功能试验，检查起重力矩限制器应固定可靠、功能有效</td><td>调整
更换</td></tr>
<tr><td>4</td><td>钢丝绳过放保护装置：通过功能试验检查过放保护功能是否有效</td><td>调整</td></tr>
<tr><td>5</td><td>幅度指示器：检查指示装置应无变形、损坏，功能有效</td><td>修理
更换</td></tr>
<tr><td colspan="3">常见隐患：

标准图示：

</td></tr>
<tr><td>6</td><td>水平仪：检查水平仪应无损坏、功能有效</td><td>修理
更换</td></tr>
<tr><td colspan="3">标准图示：
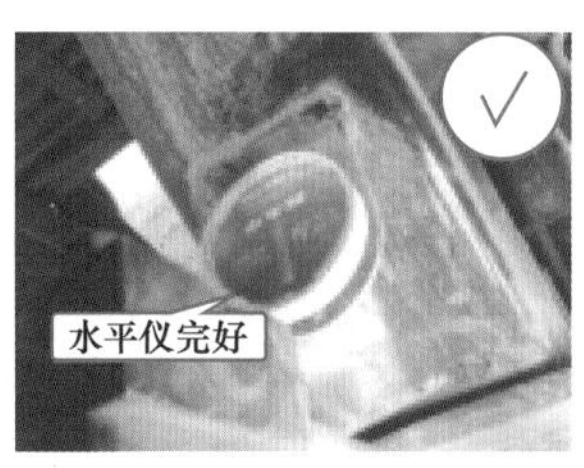
</td></tr>
<tr><td>7</td><td>检查梯子、平台、走道、护栏应完好且牢固</td><td>紧固
修理</td></tr>
<tr><td>8</td><td>风速仪：检查风速仪及风速报警器应正常工作</td><td>调整
更换</td></tr>
<tr><td>9</td><td>消防器材：目测检查消防器材的存放位置应正确，灭火器在有效期内</td><td>调整
更换</td></tr>
<tr><td colspan="3">十、支腿</td></tr>
<tr><td>1</td><td>支腿：支腿应完全打开，并全部受力，下方应使用大于 3 倍的垫板</td><td>停工整改</td></tr>
</table>

续表

<table>
<tr><th>序号</th><th>检 查 标 准</th><th>处 置 措 施</th></tr>
<tr><td colspan="3">常见隐患：

</td></tr>
<tr><td>2</td><td>吊钩固定：行驶过程中吊钩应有效固定</td><td>固定</td></tr>
<tr><td colspan="3">常见隐患：

</td></tr>
<tr><td colspan="3">十一、传动系</td></tr>
<tr><td>1</td><td>变速箱/分动箱：检查空气滤清器应无堵塞</td><td>清洁
维护</td></tr>
<tr><td colspan="3">标准图示：

</td></tr>
<tr><td>2</td><td>传动轴：检查传动轴、联轴器的工作、连接和磨损情况，无缺损、无松动、运行中无异响和异常振动</td><td>维护
调整</td></tr>
<tr><td colspan="3">十二、行走系</td></tr>
<tr><td>1</td><td>行走机构：通过空载试验检查行走系统应无异常声响、振动。检查U形螺栓，无松动</td><td>维护</td></tr>
<tr><td>2</td><td>车轮：检测轮胎气压及磨损情况，轮胎螺母和半轴螺母应完整齐全</td><td>更换</td></tr>
</table>

续表

序号	检 查 标 准	处 置 措 施
常见隐患： 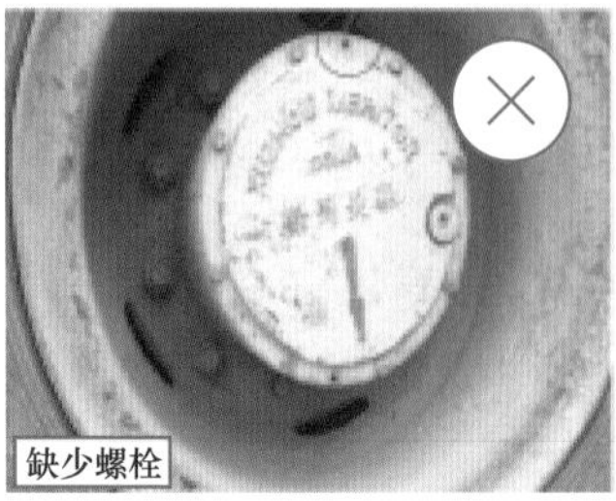 缺少螺栓		
十三、制动系		
1	制动系：检查手制动、脚制动、气室功能应正常、可靠	更换
2	制动系：检查制动蹄摩擦片厚度及磨损程度，调整制动器间隙	专业维护

3.5 吊笼隐患排查

吊笼隐患排查见表3-5。

表3-5　　吊笼隐患排查表

序号	检 查 标 准	处 置 措 施
1	三股锦纶复丝绳安全网的报废： （1）三股锦纶复丝绳安全网发生断股。 （2）磨损使三股锦纶复丝绳绳纱断裂达每股绳纱总数的15%以上。 （3）发生扭曲、结构破坏。 （4）使用寿命已超过厂家出厂规格书规定	更换
2	金属构件的报废： （1）主要受力构件失去整体稳定性时，不应修复，应报废。 （2）主要受力构件发生腐蚀时，先进行检查和测量。当承载能力降低至原设计承载能力的87%，如不能修复，应报废。当主要受力构件断面腐蚀达原厚度的10%，如不能修复，应报废。 （3）主要受力构件产生裂纹时，应根据受力情况和裂纹情况采取阻止裂纹继续扩展的措施，并采取加强或改变应力分布的措施，或停止使用。 （4）主要受力构件产生塑性变形，使用受力状态发生变化，应予以报废	更换

续表

序号	检 查 标 准	处 置 措 施
常见隐患： 吊笼锈蚀、螺栓下方防脱插销脱落，请更换吊笼		
3	储存： （1）载人吊篮在不用时，储存期间内应防止受蒸气、湿气及酸碱的侵蚀和紫外线照射的影响。 （2）储存场所应具备通风、干燥和无日光直射等条件。悬挂或摆放载人吊篮的装置应采用有防腐材料隔离的垫板、钉柱等	
4	保养： （1）载人吊篮不用时应放在通风良好的环境中干燥后再储存。 （2）载人吊篮应保持清洁，不准用烤、烘或其他高温方法进行干燥处理	

3.6 吊钩隐患排查

根据 GB/T 10051.3—2010《起重吊钩　第 3 部分：锻造吊钩使用检查》，明确吊钩检查见表 3-6。

表 3-6　　吊钩隐患排查表

序号	检 查 标 准	处 置 措 施
1	标志：吊钩的标志应与制造商的合格证明书一致	更换
2	表面裂纹	报废
3	开口尺寸：钩号 006-5 的吊钩应检查开口尺寸 a_2，其余钩号的吊钩应检查测量长度 y 或 y_1 及 y_2，其值超过使用前基本尺寸的 10%时，吊钩应报废	报废

续表

序号	检 查 标 准	处 置 措 施
图示：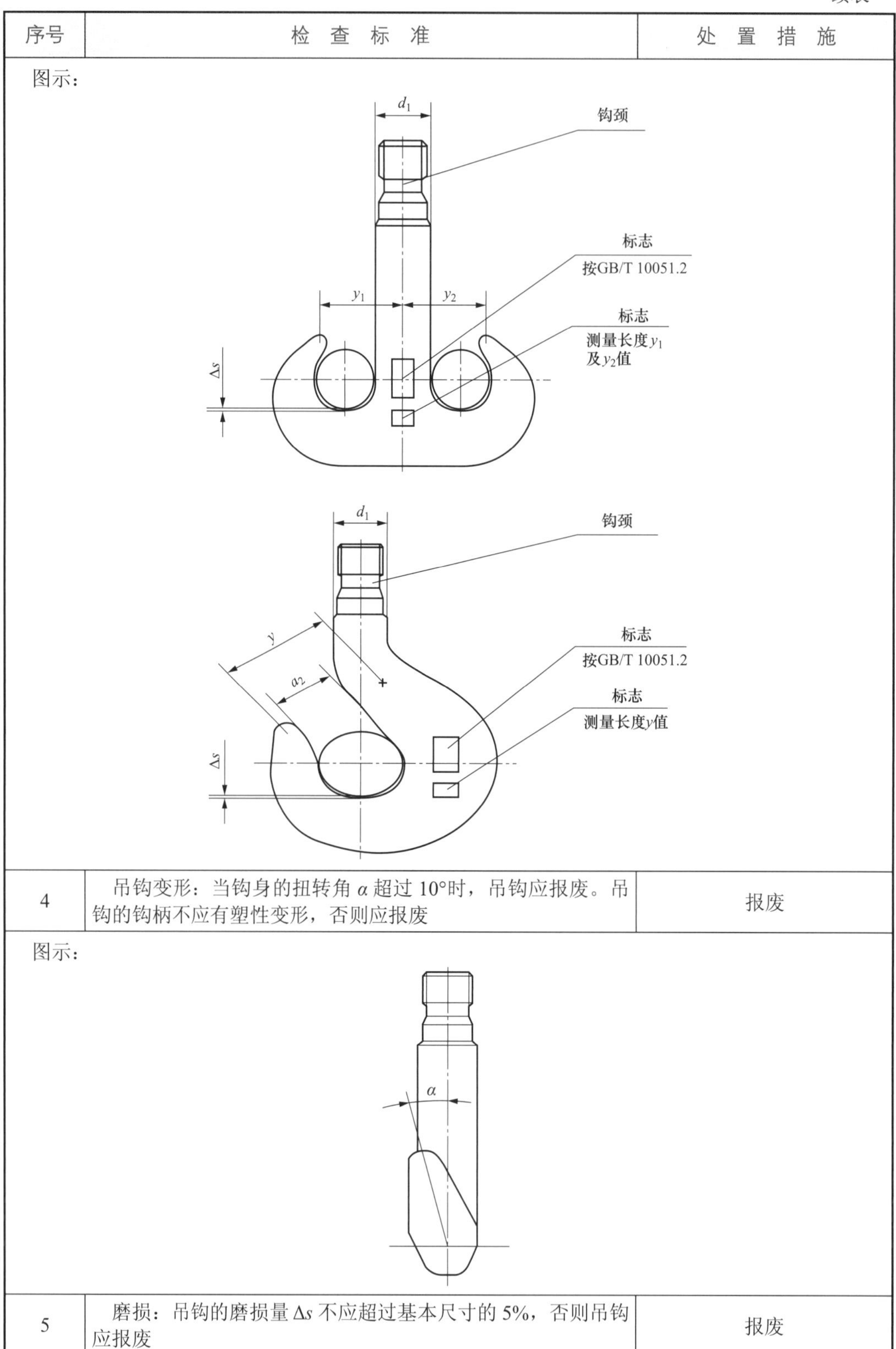		
4	吊钩变形：当钩身的扭转角 α 超过 10°时，吊钩应报废。吊钩的钩柄不应有塑性变形，否则应报废	报废
图示：		
5	磨损：吊钩的磨损量 Δs 不应超过基本尺寸的 5%，否则吊钩应报废	报废

3.7 钢丝绳隐患排查

特别关注如下区域的钢丝绳，属易损坏区域：

（1）卷筒上的钢丝绳固定点。

（2）钢丝绳绳端固定装置上及附近的区段。

（3）经过一个或多个滑轮的区段。

（4）经过安全载荷指示器滑轮区段。

（5）经过吊钩滑轮组的区段。

（6）进行重复作业的起重机，吊载时位于滑轮上的区段。

（7）位于平衡滑轮上的区段。

（8）经过缠绕装置的区段。

（9）缠绕在卷筒上的区段，特别是多层缠绕时的交叉重叠区域。

（10）因外部原因导致磨损的区段。

根据 GB/T 5972—2016《起重机 钢丝绳 保养、维护、检验和报废》编制下述检查标准见表 3-7。单层股钢丝绳和平行捻密实钢丝绳中达到报废程度的最少可见断丝数见表 3-8。

表 3-7 钢丝绳隐患排查表

序号	检 查 标 准	处 置 措 施
1	可见断丝： （1）卷筒上的钢丝绳断丝数检查参照 GB/T 5972—2016。 （2）不进出卷筒的钢丝绳区段出现的呈局部聚集状态的断丝数检查参照 GB/T 5972—2016。 （3）股沟断丝，在一个钢丝绳捻距（大约为 6*d* 的长度）内出现两个或更多断丝立即报废。 （4）绳端固定装置处的断丝出现两个或更多断丝	报废
常见隐患：		
2	钢丝绳直径减小： （1）纤维芯单层股钢丝绳直径减小 10%。 （2）钢芯单层股钢丝绳或平行捻密实钢丝绳直径减小 7.5%。 （3）阻旋转钢丝绳直径减小 5%。 （4）钢丝绳直径局部减小	报废

续表

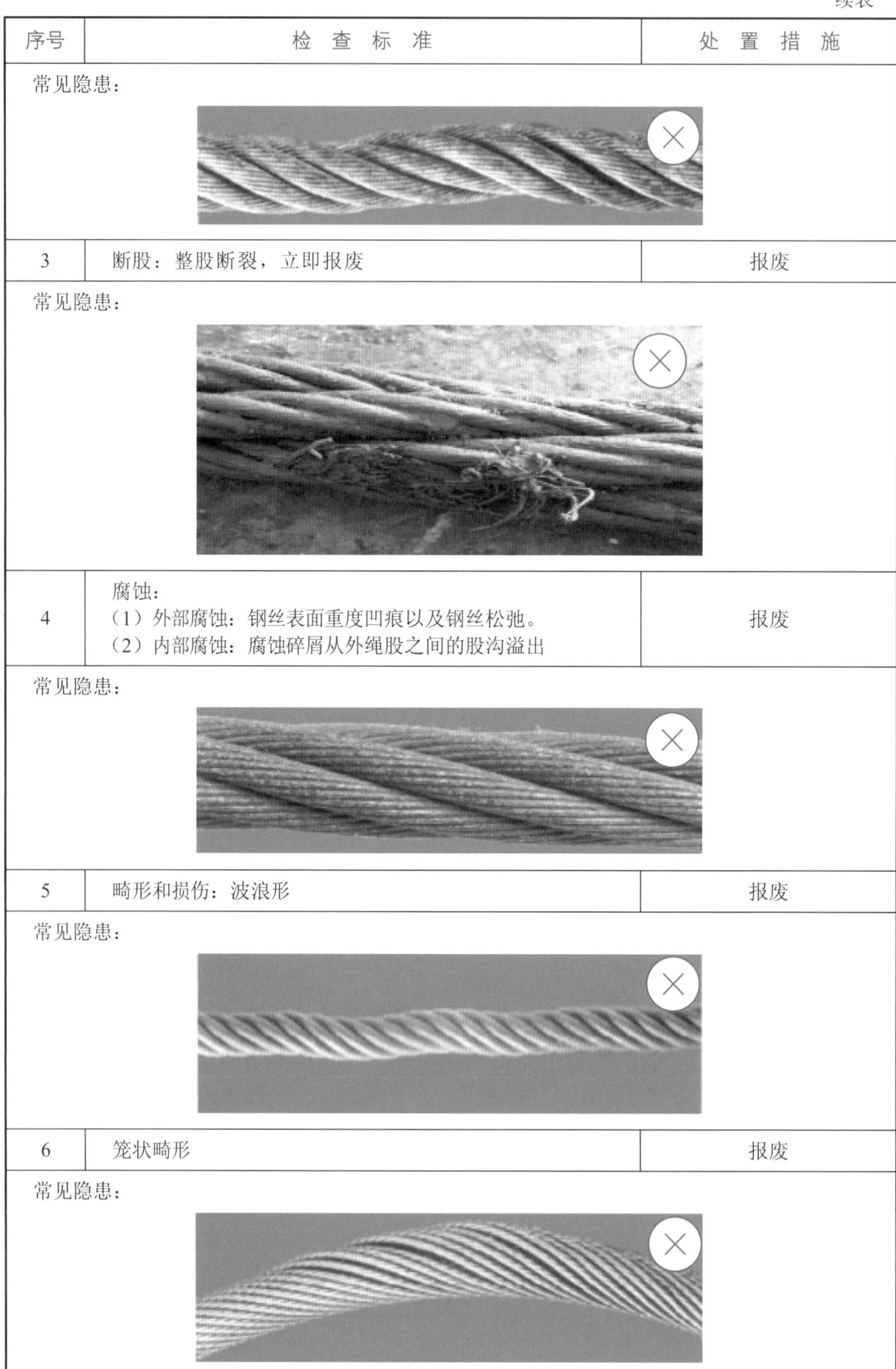

序号	检 查 标 准	处 置 措 施
常见隐患：		
3	断股：整股断裂，立即报废	报废
常见隐患：		
4	腐蚀： （1）外部腐蚀：钢丝表面重度凹痕以及钢丝松弛。 （2）内部腐蚀：腐蚀碎屑从外绳股之间的股沟溢出	报废
常见隐患：		
5	畸形和损伤：波浪形	报废
常见隐患：		
6	笼状畸形	报废
常见隐患：		

续表

序号	检 查 标 准	处 置 措 施
7	绳芯或绳股突出或扭曲	报废
常见隐患：  		
8	钢丝的环状突出	报废
常见隐患： 		
9	绳径局部增大	报废
常见隐患： 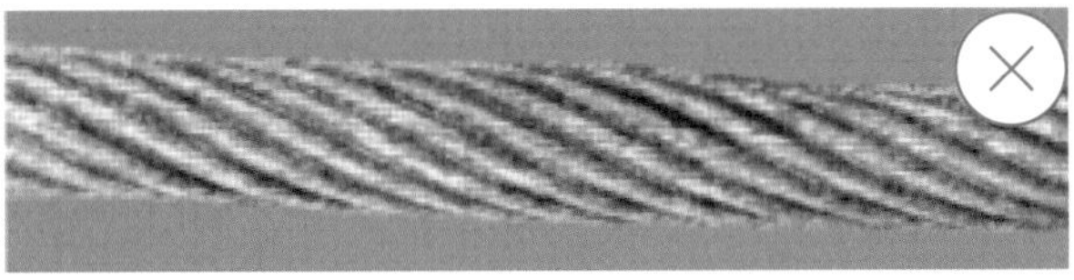		
10	局部扁平	报废
常见隐患： 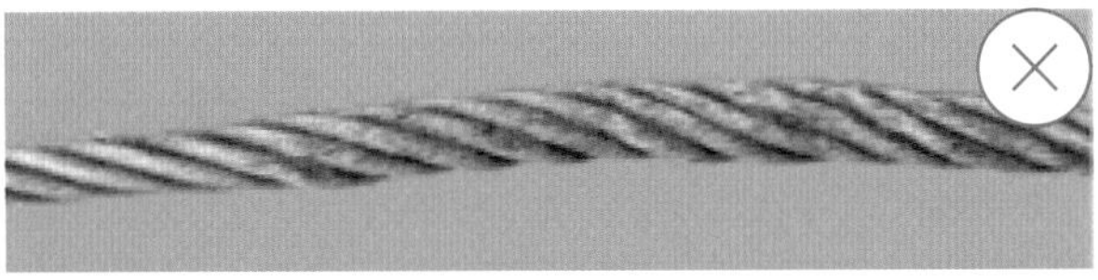 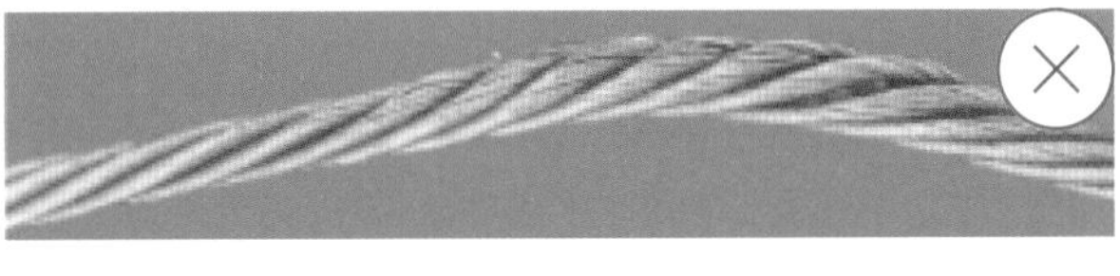		
11	扭结	报废

续表

序号	检 查 标 准	处 置 措 施
常见隐患： 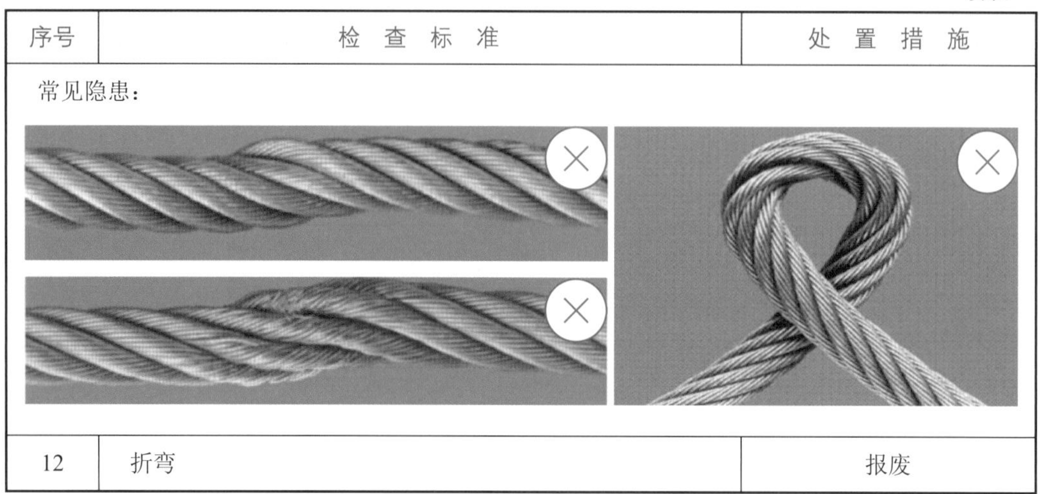		
12	折弯	报废

表 3-8　单层股钢丝绳和平行捻密实钢丝绳中达到报废程度的最少可见断丝数［GB/T 5972—2016］

钢丝绳类别编号 RCN（参见附录 G）	外层股中承载钢丝的总数[a] n	可见外部断丝的数量[b]					
		在钢制滑轮上工作和/或单层缠绕在卷筒上的钢丝绳区段（钢丝断裂随机分布）				多层缠绕在卷筒上的钢丝绳区段[c]	
		工作级别 M1～M4 或未知级别[d]				所有工作级别	
		交互捻		同向捻		交互捻和同向捻	
		$6d$[e] 长度范围内	$30d$[e] 长度范围内	$6d$[e] 长度范围内	$30d$[e] 长度范围内	$6d$[e] 长度范围内	$30d$[e] 长度范围内
1	$n \leqslant 50$	2	4	1	2	4	8
2	$51 \leqslant n \leqslant 75$	3	6	2	3	6	12
3	$76 \leqslant n \leqslant 100$	4	8	2	4	8	16
4	$101 \leqslant n \leqslant 120$	5	10	2	5	10	20
5	$121 \leqslant n \leqslant 140$	6	11	3	6	12	22
6	$141 \leqslant n \leqslant 160$	6	13	3	6	12	26
7	$161 \leqslant n \leqslant 180$	7	14	4	7	14	28
8	$181 \leqslant n \leqslant 200$	8	16	4	8	16	32
9	$201 \leqslant n \leqslant 220$	9	18	4	9	18	36
10	$221 \leqslant n \leqslant 240$	10	19	5	10	20	38
11	$241 \leqslant n \leqslant 260$	10	21	5	10	20	42

续表

<table>
<tr><td rowspan="5">钢丝绳类别编号RCN（参见附录G）</td><td rowspan="5">外层股中承载钢丝的总数[a]
n</td><td colspan="6">可见外部断丝的数量[b]</td></tr>
<tr><td colspan="4">在钢制滑轮上工作和/或单层缠绕在卷筒上的钢丝绳区段（钢丝断裂随机分布）</td><td colspan="2">多层缠绕在卷筒上的钢丝绳区段[c]</td></tr>
<tr><td colspan="4">工作级别M1～M4或未知级别[d]</td><td colspan="2">所有工作级别</td></tr>
<tr><td colspan="2">交互捻</td><td colspan="2">同向捻</td><td colspan="2">交互捻和同向捻</td></tr>
<tr><td>6d[e]长度范围内</td><td>30d[e]长度范围内</td><td>6d[e]长度范围内</td><td>30d[e]长度范围内</td><td>6d[e]长度范围内</td><td>30d[e]长度范围内</td></tr>
<tr><td>12</td><td>261≤n≤280</td><td>11</td><td>22</td><td>6</td><td>11</td><td>22</td><td>44</td></tr>
<tr><td>13</td><td>281≤n≤300</td><td>12</td><td>24</td><td>6</td><td>12</td><td>24</td><td>48</td></tr>
<tr><td></td><td>n>300</td><td>0.04n</td><td>0.08n</td><td>0.02n</td><td>0.04n</td><td>0.08n</td><td>0.16n</td></tr>
<tr><td colspan="8">注　对于外股为西鲁式结构且每股的钢丝数≤19的钢丝绳（例如6×19 Seale），在表中的取值位置为其“外层股中承载钢丝总数”所在行之上的第二行。</td></tr>
<tr><td colspan="8">[a] 在本标准中，填充钢丝不作为承载钢丝，因而不包括在n值之中。
[b] 一根断丝有两个断头（按一根断丝计数）。
[c] 这些数值适用于交叉重叠区域和由于钢丝绳偏角影响的缠绕绳圈之间干涉引起的劣化(不适用于只在滑轮上工作而不在卷筒上缠绕的区段)。
[d] 机构的工作级别为M5～M8时，断丝数可取表中数值的两倍。
[e] d——钢丝绳公称直径。</td></tr>
</table>

3.8 吊装带隐患排查

根据JB/T 8521.1—2007《编织吊索　安全性　第1部分：一般用途合成纤维扁平吊装带》及JB/T 8521.2—2007《编织吊索　安全性　第2部分：一般用途合成纤维圆形吊装带》，明确吊装带隐患排查标准见表3-9。

表3-9　　吊装带隐患排查表

序号	检查标准	处置措施
一、一般要求		
1	吊装带无检验证书、产品合格证书（证书至少包括：产品名称、额定起重量、型号长度、出厂编号、实验载荷、检验人员、日期）	更换
2	安全标签丢失、断裂、模糊不清	报废
3	吊装带表面有横向、纵向擦破或割断，边缘、软环及附件有损坏；缝合处开裂	报废

续表

序号	检 查 标 准	处 置 措 施
4	化学或生物侵蚀导致吊装带变色、染色、材料软化、溶解，表面纤维脱落或擦掉，出现粉状纤维；霉变导致吊装带发黑、脆断	报废
5	吊装带热损伤或摩擦导致的热损伤，纤维材料外观光滑、变色，极端情况下纤维材料受热熔合	报废
6	吊装带整体上观察，有出现竖立细毛，看不清织眼，出现损伤现象	报废
7	因磨损、伤痕导致环眼、接缝处或者本体任何一处明显露出使用界限的显示标示	报废
常见隐患： 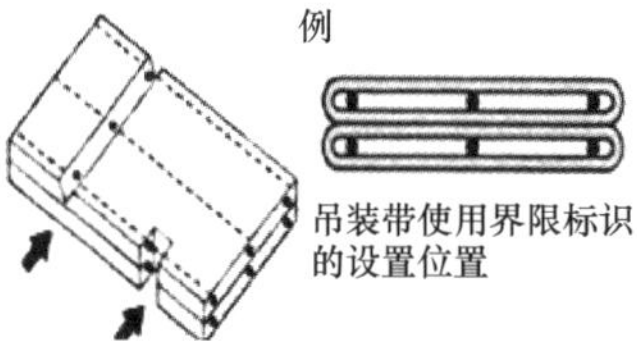		
8	端配件出现磨损、变形、裂纹、严重腐蚀及其他明显缺陷	报废
二、吊装带环眼、接缝部位		
1	环眼表面有出现竖立细毛，看不清织眼及损伤现象	报废
常见隐患： 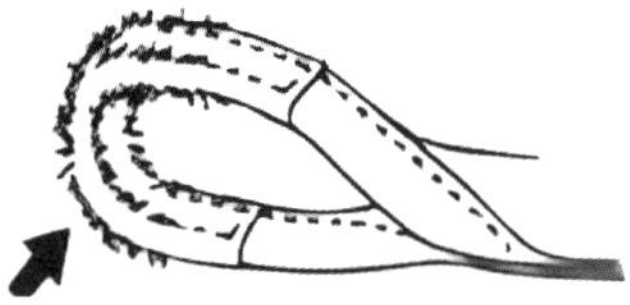		
2	环眼表面存在明显切痕、割口，表面擦伤的擦痕、刮痕	报废
常见隐患： 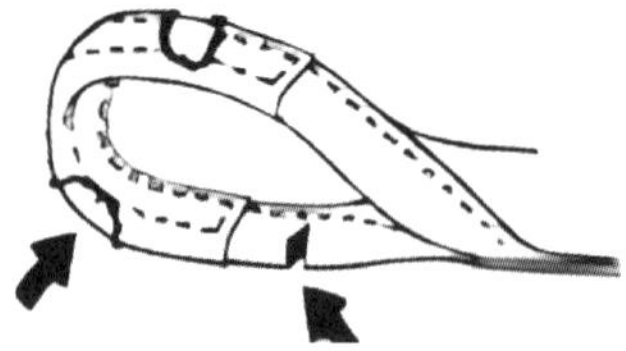		
3	环眼表面有割口和环断线，断线导致无法保证环眼的原始形状	报废
常见隐患： 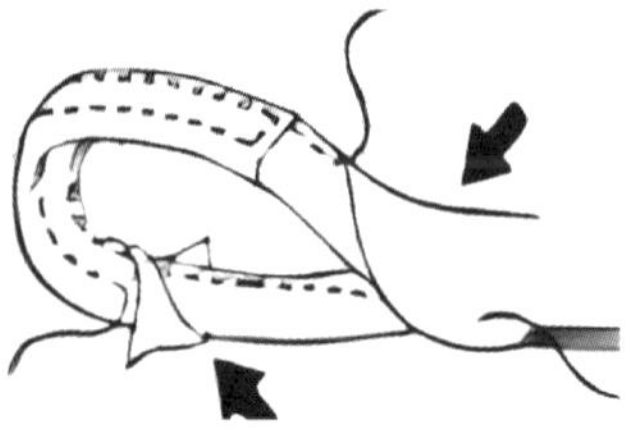		
4	接缝部位织边存在明显割口、切痕、擦痕、刮痕	报废

续表

序号	检 查 标 准	处 置 措 施
常见隐患： 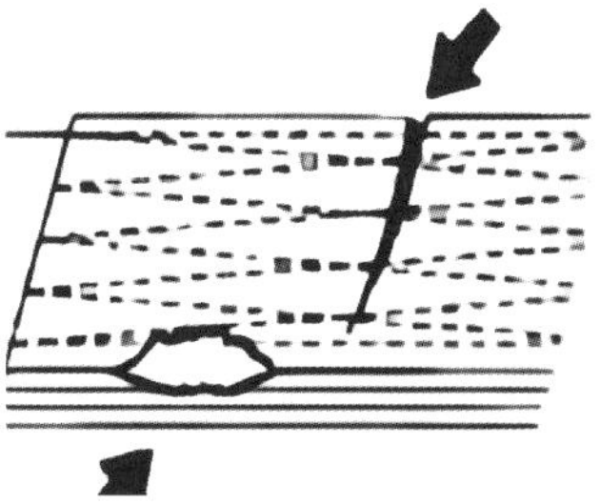		
5	接缝缝制部的缝合针脚断线，与吊装带本体少许剥落	报废
常见隐患： 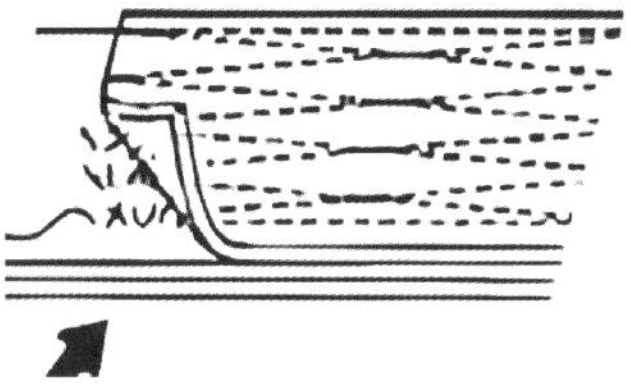		
三、扁平吊装带		
1	吊装带的表面出现宽度方向的破损	报废
常见隐患： 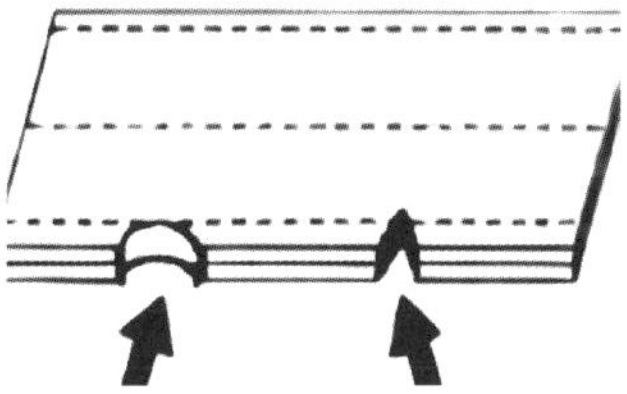		
2	吊装带的表面出现厚度方向的切痕、割口，表面严重擦伤的擦痕、刮痕	报废
常见隐患： 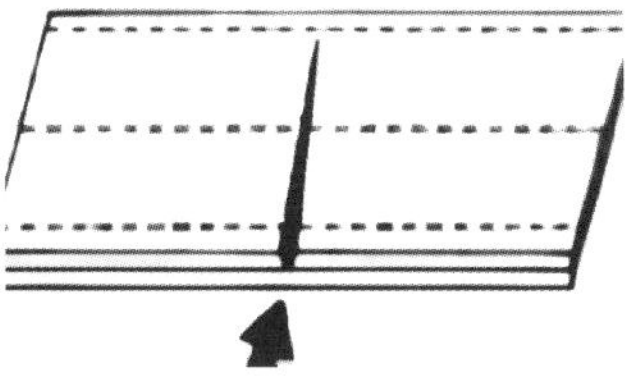		
3	吊装带的表面接缝处断线，剥落长度超出带面宽度	报废
常见隐患： 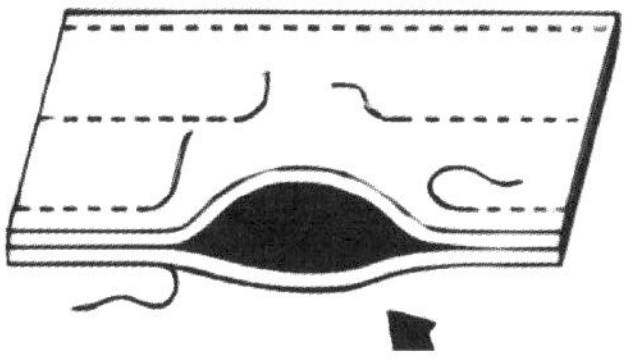		

3.9 手拉葫芦隐患排查

（1）手拉葫芦构造图见图 3-1。

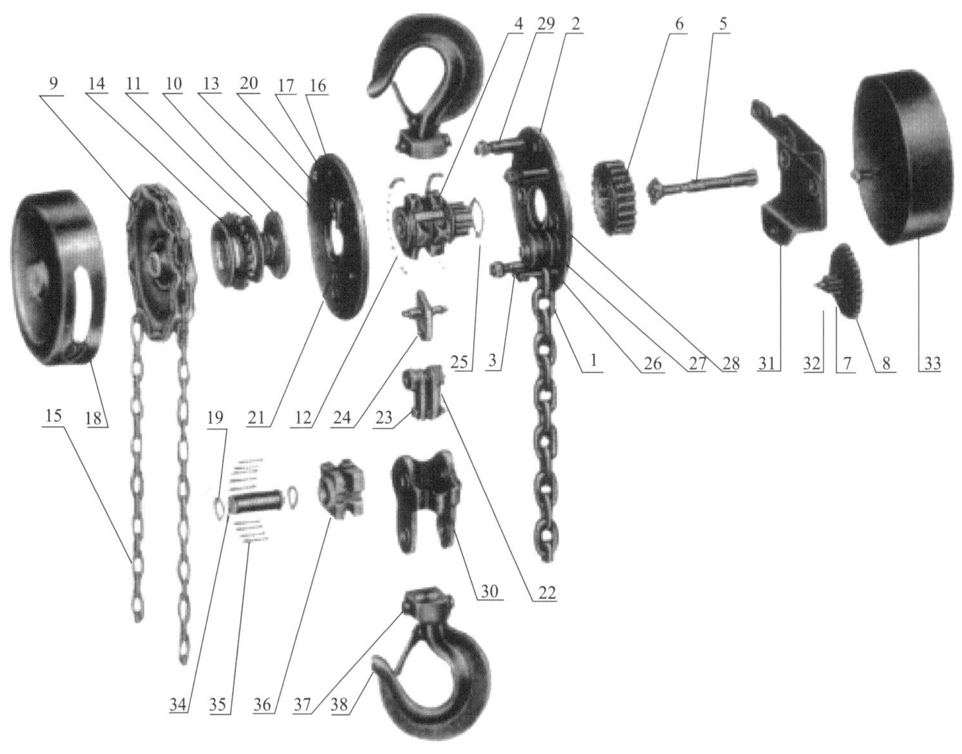

图 3-1　手拉葫芦构造图

1—起重链条；2—右墙板；3—支撑杆（甲）；4—起重链轮；5—五齿长轴；6—花键孔齿轮；7—四齿短轴；8—片齿轮；9—手链轮；10—制动器座；11—摩擦片；12—滚柱；13—轴承外圈；14—棘轮；15—手拉链条；16—棘爪弹簧；17—棘爪；18—手链轮罩壳；19—弹簧挡圈；20—棘爪销；21—左墙板；22—吊链板；23—吊销；24—挡板；25—弹簧挡圈；26—插销；27—导轮；28—钢套；29—支撑杆（乙）；30—下钩架；31—外墙板；32—滚柱；33—罩壳；34—游轮轴；35—滚针；36—游轮；37—吊钩梁；38—吊钩

（2）根据 JB 9010—1999《手拉葫芦　安全规则》，明确手拉葫芦报废标准。如未达到表 3-10 报废标准，但出现同报废标准相同的隐患，应要求现场施工单位立即停止使用，并移除工作场所，不允许有隐患的手拉葫芦在现场使用。

表 3-10　　　　手拉葫芦报废排查表

序号	检 查 标 准	处 置 措 施
1	合格证：每台葫芦必须附有产品使用维护说明书、生产许可证标记和产品合格证	不得使用

续表

序号	检 查 标 准	处 置 措 施
2	标牌：应有清晰耐久的标牌	不得使用
3	吊钩： （1）断面磨损量超过名义尺寸的 10%。 （2）裂纹。 （3）危险断面或颈部产生塑性变形。 （4）钩口尺寸变形增大超过名义尺寸的 15%。 （5）扭转变形超过 10°	报废
4	保险扣：吊钩保险扣损坏	维修
5	起重链条： （1）链环直径磨损超过名义尺寸的 10%。 （2）11 环节距伸长量超过 3%，单环节距伸长量超过 5%。 （3）裂纹或其他有害缺陷	报废
6	齿轮： （1）齿厚磨损量超过名义尺寸的 10%。 （2）裂纹。 （3）断齿。 注：因齿轮在内部，不拆解不能进行检查，此项主要检查施工单位是否对此项进行定期检查并记录	报废
7	摩擦片：摩擦片磨损量超过名义尺寸的 25%。 注：因摩擦片在内部，不拆解不能进行检查，此项主要检查施工单位是否对此项进行定期检查并记录	报废
8	链轮凹槽尺寸磨损增大，超过名义尺寸的 10%。 注：因链轮凹槽在内部，不拆解不能进行检查，此项主要检查施工单位是否对此项进行定期检查并记录	报废
9	轴与轴承间的间隙增大，超过名义尺寸的 15%。 注：因轴承在内部，不拆解不能进行检查，此项主要检查施工单位是否对此项进行定期检查并记录	报废
10	棘轮、棘爪和弹簧出现严重磨损或腐蚀。 注：因棘轮在内部，不拆解不能进行检查，此项主要检查施工单位是否对此项进行定期检查并记录	报废

（3）根据 JB 9010—1999《手拉葫芦　安全规则》，明确手拉葫芦使用安全标准见表 3-11。

表 3-11　　手拉葫芦使用安全排查表

序号	检 查 标 准	处 置 措 施
1	悬挂手拉葫芦的支承点必须牢固、稳定	停工整改

续表

<table>
<tr><th>序号</th><th>检 查 标 准</th><th>处 置 措 施</th></tr>
<tr><td colspan="3">常见隐患： 
吊点不牢固</td></tr>
<tr><td>2</td><td>不允许抛掷手拉葫芦</td><td>培训</td></tr>
<tr><td colspan="3">常见隐患： 
抛掷手拉葫芦</td></tr>
<tr><td>3</td><td>不得改动产品的原设计</td><td>报废</td></tr>
<tr><td>4</td><td>起重链条不得扭转和打结，双行链条手拉葫芦的下吊钩组件不得翻转</td><td>更换</td></tr>
<tr><td colspan="3">常见隐患： 
下吊钩组件翻转</td></tr>
<tr><td>5</td><td>（1）吊钩应在重物重心的铅垂线上，严防重物倾斜、翻转。
（2）作业时操作者不得站在重物上面操作，也不得将重物吊起后停留在空中而离开现场。
（3）严禁下吊钩回扣到起重链条上起吊重物。
（4）严禁超负荷起吊。
（5）严禁斜吊。
（6）上升或下降重物的距离超过起升高度</td><td>立即整改</td></tr>
</table>

续表

序号	检 查 标 准	处 置 措 施
常见隐患：  下吊钩回扣到 起重链条上起吊重物 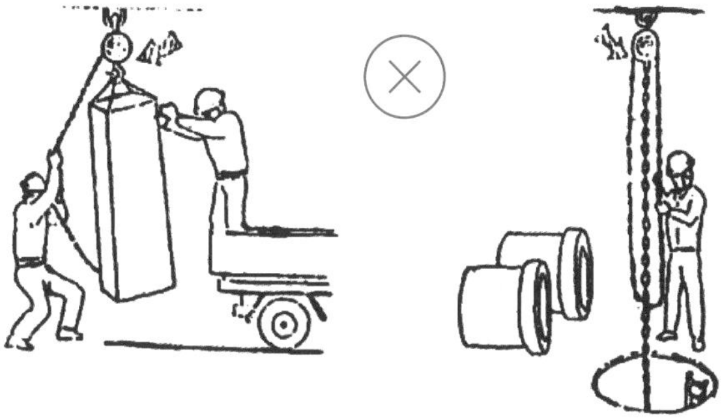 上升或下降重物的距离超过规定的起升高度  超负荷起吊 　斜吊		
6	严禁用2台及2台以上手拉葫芦同时起吊重物（串联）	立即整改
常见隐患：  串联使用		

续表

序号	检 查 标 准	处 置 措 施
7	应规整、悬挂于干燥场所。长期放置应适当防护和妥善保管	限期整改
标准图示： 		
8	不得使用非手动驱动方式起吊重物。发现拉不动时，不得增加拉力，要停止使用，检查重物是否与其他物件牵挂，重物重量是否超过了额定起重量，葫芦有无损坏等	立即整改

3.10 移动式升降工作平台（MEWP）隐患排查

根据 GB/T 27548—2011《移动式升降工作平台 安全规则、检查、维护和操作》并结合现场实际编制下述检查标准，见表 3-12。

表 3-12 移动式升降工作平台（MEWP）隐患排查表

序号	检 查 标 准	处 置 措 施
一、资料检查		
1	是否有操作使用说明书。[GB/T 27548—2011 4.2]	限期改正
2	是否有书面的检查、维修记录。[GB/T 27548—2011 4.3]	限期改正
二、状态审核		
1	液压或气动系统，观察有无变质或渗漏。[GB/T 27548—2011 5.3.2]	禁止使用 立即维修
2	电气系统有无损坏、老化、灰尘或水汽聚集的现象。[GB/T 27548—2011 5.3.2]	禁止使用 立即维修
3	轮胎、车轮和车轮紧固件是否正常。[GB/T 27548—2011 5.5]	禁止使用 立即维修
4	工作平台护栏是否完好；入口门是否处于关闭状态。[GB/T 27548—2011 6.4]	限期整改 禁止使用

续表

<table>
<tr><th>序号</th><th>检 查 标 准</th><th>处 置 措 施</th></tr>
<tr><td colspan="3">三、作业检查</td></tr>
<tr><td>1</td><td>操作人员是否经过有资质人员按照 ISO 18878 的要求进行了培训。[GB/T 27548—2011 6.1]
操作人员是否掌握额定承载量、地面坡度限制、作业风速限制等必备安全知识</td><td>限期整改</td></tr>
<tr><td>2</td><td>MEWP 工作场所风速是否超过使用限制</td><td>停止作业</td></tr>
<tr><td>3</td><td>工作场所是否存在坑洞、斜坡、地面障碍、电缆、顶部障碍物和带电导体、地面承载力不足等不利因素。[GB/T 27548—2011 6.4]
不应在超过制造商规定的坡度、斜坡、台阶或拱形地面上操作。[GB/T 27548—2011 6.7.2]</td><td>停止作业
立即整改</td></tr>
<tr><td colspan="3">常见隐患：
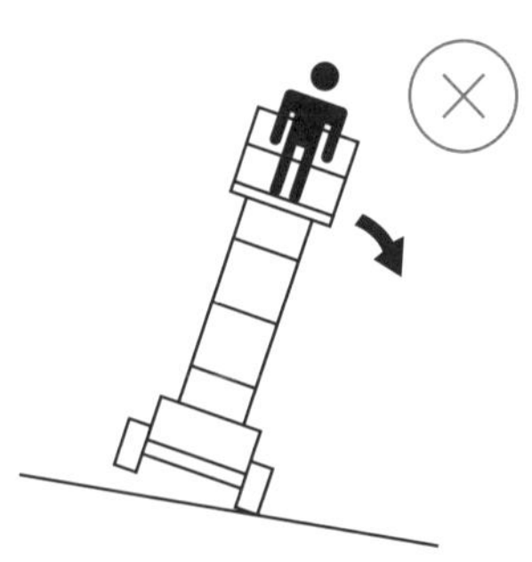</td></tr>
<tr><td>4</td><td>工作平台上方的载荷及分布是否符合制造商规定的额定载荷及分布。[GB/T 27548—2011 6.5]</td><td>停止作业
立即整改</td></tr>
<tr><td>5</td><td>工作平台是否有触电危险；如有是否符合最小安全距离。[GB/T 27548—2011 6.7.7]</td><td>立即整改</td></tr>
<tr><td colspan="3">常见隐患：
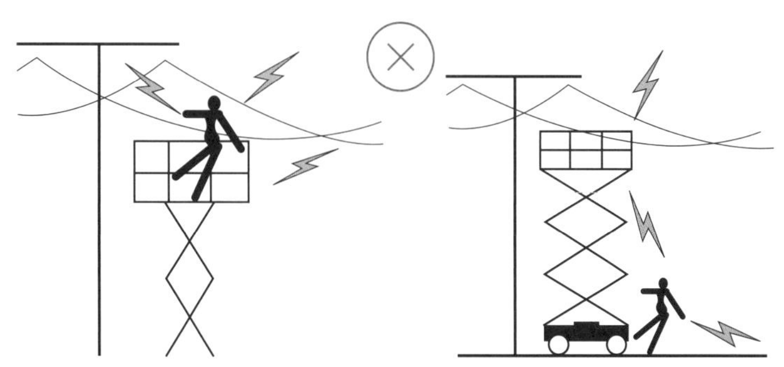</td></tr>
</table>

电压范围（相间电压） （kV）	最小安全距离 （m）
0～50	3
51～220	4
221～500	5
501～750	10

续表

序号	检 查 标 准	处 置 措 施
6	不应当通过靠、捆、拴的方式固定在另一个物体上来保持其稳定。[GB/T 27548—2011 6.7.18]	立即整改
7	工作场所内出现其他移动设备或车辆时，应采取适当的警示防护设施，如警戒线、围栏、警示灯等。[GB/T 27548—2011 6.7.10]	立即整改
8	MEWP 不能作为起重机使用。[GB/T 27548—2011 6.7.19]	停止作业 绩效考核
9	是否将 MEWP 用在卡车、拖车、有轨车、脚手架或其他类似设备上。[GB/T 27548—2011 6.7.20]	停止作业 绩效考核
10	禁止作业人员踩踏工作平台踢脚板、中部栏杆或顶部围栏；禁止在工作平台上使用厚木板、梯子或其他设备来增加或延伸高度。[GB/T 27548—2011 6.7.8]	停止作业 批评教育
11	上方工作人员是否系挂安全带。[GB/T 27548—2011 6.7.23]	停止作业 绩效考核
常见隐患： 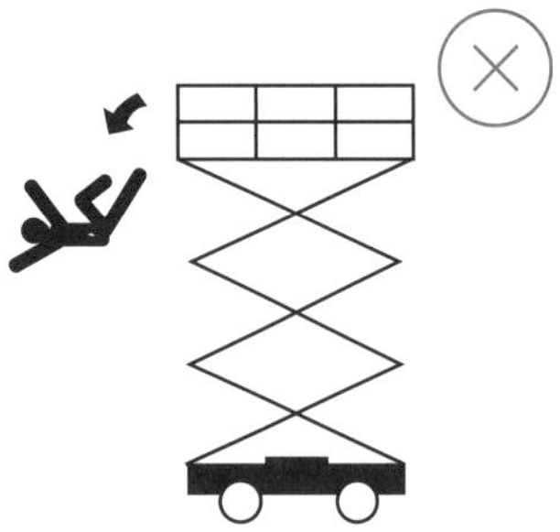		
12	是否与顶部留有足够的工作空间	立即整改
常见隐患： 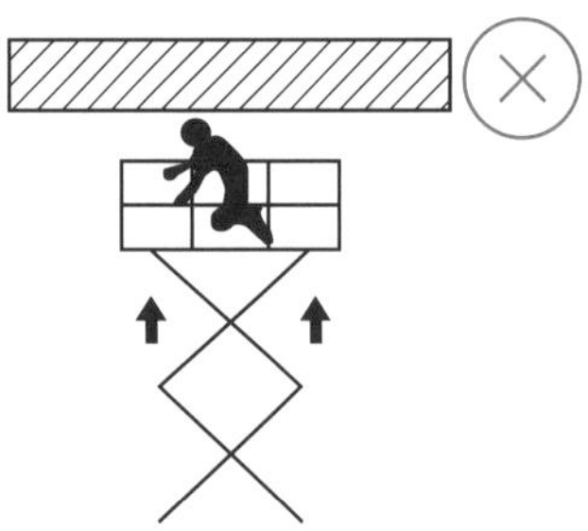		

3.11 起重作业隐患排查

根据 JGJ 276—2012《建筑施工起重吊装工程安全技术规范》编制下述检查标准，见

表 3-13。本检查标准适用于陆上集控中心起重作业安全管控。

表 3-13　　起重作业隐患排查表

序号	检 查 标 准	处 置 措 施
一、作业先决条件检查		
1	人员： （1）参加起重吊装的人员应经过严格培训，取得培训合格证后，方可上岗。 （2）起重作业人员必须穿防滑鞋、戴安全帽，起重指挥穿戴反光背心	停止作业
常见隐患： 人员无证作业，常见司索工为普通工种且未经过授权培训。		
2	依据 GB 30871—2022《危险化学品企业特殊作业安全规范》： （1）吊装物体质量大于等于 40t，应编制吊装作业方案。 （2）吊装物体质量虽不足 40t，但形状复杂、刚度小、长径比大、精密贵重，以及在作业条件特殊情况下，也应编制吊装作业方案。 条件特殊含：双机抬吊、接近架空管线/设备、支腿在管沟边缘/挡土墙边缘附近 2m 或支腿在不可避让的管沟上的吊装作业、气候异常	停止作业
常见隐患： （1）未编制施工方案即开始吊装。 （2）虽编制施工方案但无编审批，方案内容与现场实际差距过大，不能有效指导现场吊装作业		
3	大雨天、雾天、大雪天及六级以上大风天等恶劣天气应停止吊装作业。事后应及时清理冰雪并应采取防滑和防漏电措施。雨雪过后作业前，应先试吊，确认制动器灵敏可靠后方可进行作业	停止作业
常见隐患： 阵风大于 6 级风仍然进行吊装		
4	作业前，应检查起重吊装所使用的起重机滑轮、吊索、卡环和地锚等，应确保其完好，符合安全要求	更换
常见隐患： 作业前多检查起重绳，对起重机滑轮、吊索、卡环检查不足		
5	吊装作业四周应设置明显标志，严禁非操作人员入内。夜间施工必须有足够的照明	立即整改

续表

<table>
<tr><th>序号</th><th>检 查 标 准</th><th>处 置 措 施</th></tr>
<tr><td colspan="3">常见隐患：
（1）未设置警戒区域和警戒人员。
（2）警戒区域小于吊装作业半径
未设置警戒区</td></tr>
<tr><td>6</td><td>起重机靠近架空输电线路作业或在架空输电线路下行走时，必须与架空输电线路始终保持不小于国家现行标准 JGJ 46—2005《施工现场临时用电安全技术规范》规定的安全距离</td><td>停止作业</td></tr>
<tr><td colspan="3">
<table>
<tr><th>电压（kV）
安全距离（m）</th><th>＜1</th><th>10</th><th>35</th><th>110</th><th>220</th><th>330</th><th>500</th></tr>
<tr><td>沿垂直方向</td><td>1.5</td><td>3</td><td>4</td><td>5</td><td>6</td><td>7</td><td>8.5</td></tr>
<tr><td>沿水平方向</td><td>1.5</td><td>2</td><td>3.5</td><td>4</td><td>6</td><td>7</td><td>8.5</td></tr>
</table>
</td></tr>
<tr><td colspan="3">二、起吊作业</td></tr>
<tr><td>1</td><td>（1）吊装大、重、新结构构件和采用新的吊装工艺时，应先进行试吊，确认无问题后，方可正式起吊。
（2）开始起吊时，应先将构件吊离地面 200～300mm 后停止起吊，并检查起重机的稳定性、制动装置的可靠性、构件的平衡性和绑扎的牢固性等，待确认无误后，方可继续起吊。已吊起的构件不得长久停滞在空中</td><td>停止作业
立即整改</td></tr>
<tr><td colspan="3">常见隐患：
大、重、新结构构件未进行试吊</td></tr>
<tr><td>2</td><td>（1）严禁在吊起的构件上行走或站立，不得用起重机载运人员。
（2）不得在构件上堆放或悬挂零星物件。
（3）严禁在已吊起的构件下面或起重臂下旋转范围内作业或行走。
（4）汽车式起重机进行吊装作业时，行走驾驶室内不得有人，吊物不得超越驾驶室上方，并严禁带载行驶</td><td>限期整改</td></tr>
<tr><td colspan="3">常见隐患：
（1）架子管长短混吊。
（2）散件未放置于吊篮内吊运。
（3）起吊作业过程中，吊装作业半径内有人员行走。
（4）汽车式起重机吊装时吊物超越驾驶室上方</td></tr>
</table>

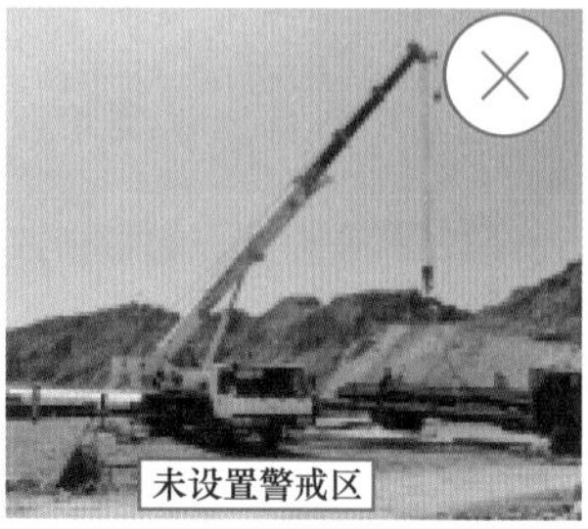

续表

序号	检 查 标 准	处 置 措 施
 	重大隐患：气瓶使用吊带直接吊装，有坠落爆炸风险，应使用吊篮吊装 起吊作业下方人员未撤离	
3	（1）起重臂的伸缩，一般应于起吊前进行。当必须在起吊过程中伸缩时，则起吊荷载不得大于其额定值的 50%。 （2）起重臂伸出后的上节起重臂长度不得大于下节起重臂长度，且起重臂的仰角不得小于总长度的相应规定值	立即整改
三、作业完成		
1	作业完毕或下班前，应按规定将操作杆置于空挡位置，起重臂全部缩回原位，转至顺风方向，并降至 40°到 60°之间，收紧钢丝绳，挂好吊钩或将吊钩落地，然后将各制动器和保险装置固定，关闭发动机，驾驶室加锁后，方可离开	立即整改
常见隐患： 汽车吊停车或行走时，定位销未插入		

第 4 章

陆 上 施 工

4.1 扣件式脚手架隐患排查

根据 JGJ 130—2011《建筑施工扣件式钢管脚手架安全技术规范》以及建筑施工现场扣件式脚手架（见图 4-1）常见隐患编制下述检查标准，见表 4-1。为便于现场执行，特注明隐患发现后现场处置措施。

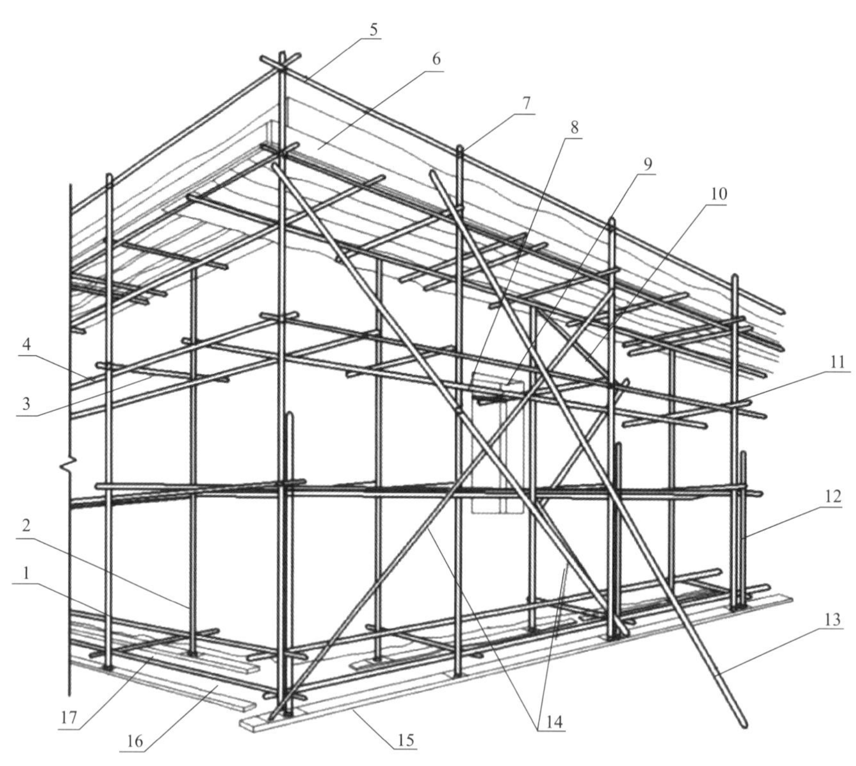

图 4-1 双排扣件式钢管脚手架各杆件位置

1—外立杆；2—内立杆；3—横向水平杆；4—纵向水平杆；5—栏杆；6—挡脚板；7—直角扣件；8—旋转扣件；9—连墙件；10—横向斜撑；11—主立杆；12—副立杆；13—抛撑；14—剪刀撑；15—垫板；16—纵向扫地杆；17—横向扫地杆

表 4-1　　扣件式脚手架隐患排查表

检 查 标 准	处 置 措 施
第一部分：材料检查	
一、钢管	
（1）脚手架钢管宜采用ϕ48.3×3.6 钢管。每根钢管的最大质量不应大于 25.8kg。［JGJ 130—2011 3.1］ （2）钢管表面应平直光滑，不应有裂缝、结疤、分层、错位、硬弯、毛刺、压痕和深的划道。新钢管应有产品质量合格证和质量检验报告，旧钢管不强制检查报告。［JGJ 130—2011 8.1.1］	不符合要求的钢管严禁使用
二、扣件	
（1）扣件在螺栓拧紧扭力矩达到 65N·m 时，不得发生破坏。［JGJ 130—2011 3.2］ （2）扣件应有生产许可证、质量检测报告和产品质量合格证。新旧扣件均应进行除锈处理。［JGJ 130—2011 8.1.3］	严禁使用，立即更换
常见隐患： 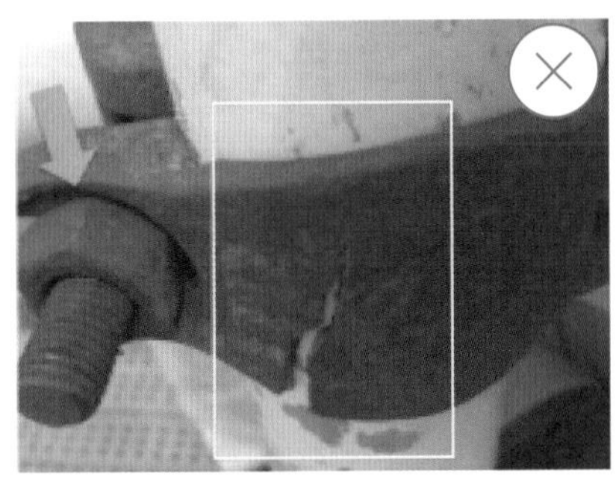 ①扣件有裂纹；②缺少垫片	标准图示： 
三、脚手板	
（1）脚手板厚度不应小于 50mm，两端宜各设置直径不小于 4mm 的镀锌钢丝箍两道。［JGJ 130—2011 3.3］ （2）不得使用扭曲变形、劈裂、腐朽的脚手板［JGJ 130—2011 8.1.5］	限期更换（如脚手板损坏严重，需要求施工单位进行局部隔离，并立即更换）
常见隐患：  ①厚度不足；②有裂纹；③模板代替	标准图示： 

续表

检查标准	处置措施
四、可调托撑	

（1）可调托撑螺杆外径不得小于36mm。 （2）可调托撑的螺杆与支托板焊接应牢固，焊缝高度不得小于6mm；可调托撑螺杆与螺母旋合长度不得少于5扣，螺母厚度不得小于30mm。 （3）可调托撑受压承载力设计值不应小于40kN，支托板厚不应小于5mm。[JGJ 130—2011 3.4] （4）支托板厚不应小于5mm，变形不应大于1mm，严禁使用有裂缝的支托板、螺母。[JGJ 130—2011 8.1.7] （5）插入立杆内的长度不得小于150mm。[JGJ 130—2011 附录D 构配件质量检查表]	限期更换
第二部分：构造要求	
一、常用密目式安全网	
（1）常用密目式安全立网全封闭式双排脚手架设计尺寸，搭设高度不宜超过50m，高度超过50m的双排脚手架，应采用分段搭设等措施。[JGJ 130—2011 6.1]	

表 6.1.1-1　常用密目式安全立网全封闭式双排脚手架的设计尺寸（m）[JGJ 130—2011]

连墙件设置	立杆横距 l_b	步距 h	下列荷载时的立杆纵距 l_a				脚手架允许搭设高度 [H]
			2+0.35（kN/m²）	2+2+2×0.35（kN/m²）	3+0.35（kN/m²）	3+2+2×0.35（kN/m²）	
二步三跨	1.05	1.5	2.0	1.5	1.5	1.5	50
		1.80	1.8	1.5	1.5	1.5	32
	1.30	1.5	1.8	1.5	1.5	1.5	50
		1.80	1.8	1.2	1.5	1.2	30
	1.55	1.5	1.8	1.5	1.5	1.5	38
		1.80	1.8	1.2	1.5	1.2	22

续表

检 查 标 准	处 置 措 施

续表

连墙件设置	立杆横距 l_b	步距 h	下列荷载时的立杆纵距 l_a				脚手架允许搭设高度[H]
			2+0.35（kN/m^2）	2+2+2×0.35（kN/m^2）	3+0.35（kN/m^2）	3+2+2×0.35（kN/m^2）	
三步三跨	1.05	1.5	2.0	1.5	1.5	1.5	43
		1.80	1.8	1.2	1.5	1.2	24
	1.30	1.5	1.8	1.5	1.5	1.2	30
		1.80	1.8	1.2	1.5	1.2	17

注：1. 表中所示2+2+2×0.35（kN/m^2），包括下列荷载：2+2（kN/m^2）为二层装修作业层施工荷载标准值；2×0.35（kN/m^2）为二层作业层脚手板自重荷载标准值。
2. 作业层横向水平杆间距，应按不大于 $l_a/2$ 设置。
3. 地面粗糙度为B类，基本风压 $w_o=0.4kN/m^2$。

检 查 标 准	处 置 措 施
根据JGJ 130—2011中表6.1.1-1的数据使用卷尺核查现场脚手架各间距，核查时还应对照施工方案（核查时间最好于脚手架放线搭设时）	立即修改（放线搭设时），评估后整改（搭设后抽查时发现）

（2）常用密目式安全立网全封闭式单排脚手架的设计尺寸（JGJ 130—2011 6.1）搭设高度不应超过24m。

表6.1.1-2　　常用密目式安全立网全封闭式单排脚手架的设计尺寸（m）［JGJ 130—2011］

连墙件设置	立杆横距 l_b	步距 h	下列荷载时的立杆纵距 l_a		脚手架允许搭设高度[H]
			2+0.35（kN/m^2）	3+0.35（kN/m^2）	
二步三跨	1.20	1.5	2.0	1.8	24
		1.80	1.5	1.2	24
	1.40	1.5	1.8	1.5	24
		1.80	1.5	1.2	24
三步三跨	1.20	1.5	2.0	1.8	24
		1.80	1.2	1.2	24
	1.40	1.5	1.8	1.5	24
		1.80	1.2	1.2	24

注：同表6.1.1-1。

检 查 标 准	处 置 措 施
根据JGJ 130—2011中表6.1.1-2的数据使用卷尺核查现场脚手架各间距，核查时还应对照施工方案（核查时间最好于脚手架放线搭设时）	立即修改（放线搭设时），评估后整改（搭设后抽查时发现）

续表

<table>
<tr><th>检 查 标 准</th><th>处 置 措 施</th></tr>
<tr><td colspan="2">二、纵向水平杆</td></tr>
<tr><td>（1）纵向水平杆宜设置在立杆内侧，其长度不宜小于 3 跨。[JGJ 130—2011 6.2.1]</td><td>限期整改</td></tr>
<tr><td colspan="2">标准图示：

</td></tr>
<tr><td>（2）对接：两根相邻纵向水平杆的接头不应设置在同步或同跨内；不同步或不同跨两个相邻接头在水平方向错开的距离不应小于 500mm；各接头中心至最近主节点的距离不应大于纵距的 1/3</td><td>立即整改（如发现架体纵向水平杆多为同步同跨内连接，有垮塌风险，应立即停止施工，脚手架挂红牌，立即要求施工单位重新搭设）</td></tr>
<tr><td colspan="2">JGJ 130—2011 中的规范图解释：
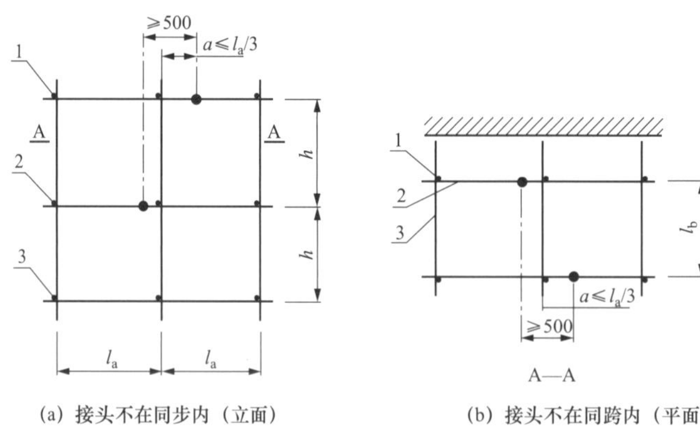

图 6.2.1-1　纵向水平杆对接接头布置 [JGJ 130—2011]
1—立杆；2—纵向水平杆；3—横向水平杆</td></tr>
</table>

续表

<table>
<tr><th>检 查 标 准</th><th>处 置 措 施</th></tr>
<tr><td colspan="2">常见隐患：

标准图示：

</td></tr>
<tr><td>（3）搭接：搭接长度不应小于 1m，应等间距设置 3 个旋转扣件固定；端部扣件盖板边缘至搭接纵向水平杆杆端的距离不应小于 100mm。[JGJ 130—2011 6.2.1]
注释：纵向水平杆搭接不常见，如有关注搭接长度和 3 个扣件</td><td>限期整改</td></tr>
<tr><td>（4）使用钢脚手板、木脚手板时，纵向水平杆应作为横向水平杆的支座，用直角构件固定在立杆上。[JGJ 130—2011 6.2.2]</td><td>限期整改</td></tr>
<tr><td colspan="2">标准图示：
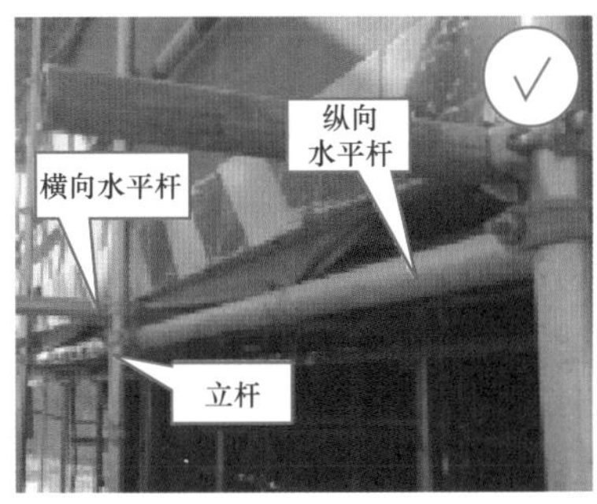
</td></tr>
<tr><td colspan="2">三、横向水平杆</td></tr>
<tr><td colspan="2">了解：作业层上非主节点处的横向水平杆，宜根据支承脚手板的需要等间距设置，最大间距不应大于纵距的 1/2. 双排脚手架的横向水平杆两端均应采用直角扣件固定在纵向水平杆上。[JGJ 130—2011 6.2.2]</td></tr>
<tr><td>主节点处必须设置一根横向水平杆，用直角扣件扣接且严禁拆除</td><td>立即停止施工并整改</td></tr>
<tr><td colspan="2">标准图示：

</td></tr>
</table>

续表

<table>
<tr><th>检 查 标 准</th><th>处 置 措 施</th></tr>
<tr><td colspan="2">四、脚手板</td></tr>
<tr><td>（1）作业层脚手板应铺满、铺稳、铺实。
（2）脚手板应设置在三根横向水平杆件上，脚手板长度小于 2m 时，可采用两根横向水平杆支承，但应将脚手板两端与横向水平杆可靠固定，严防倾翻。[JGJ 130—2011 6.2.4]</td><td>有坠落风险。停止作业、立即整改</td></tr>
<tr><td colspan="2">常见隐患：
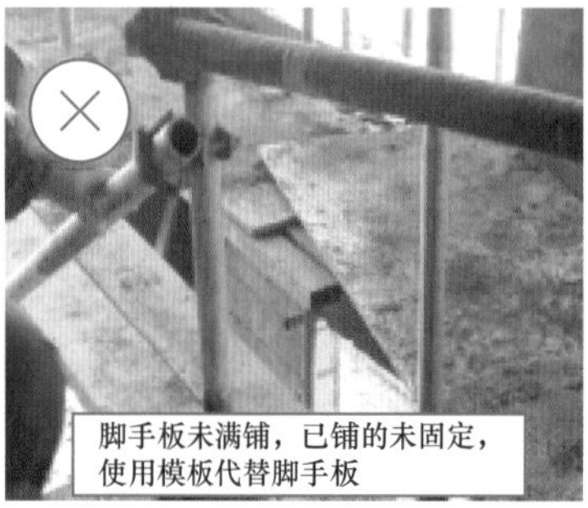

标准图示：
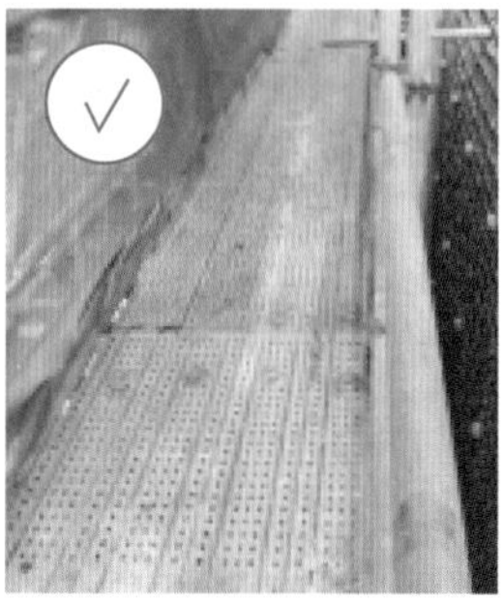</td></tr>
<tr><td colspan="2">需了解但不作为检查要点（用于人员技能培养）：
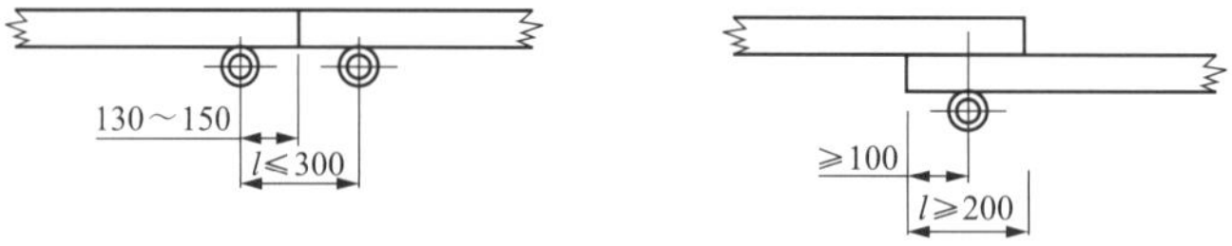

(a) 脚手板对接　　(b) 脚手板搭接
图 6.2.4　脚手板对接、搭接构造［JGJ 130—2011］</td></tr>
<tr><td colspan="2">五、立杆</td></tr>
<tr><td>（1）每根立杆底部宜设置底座或垫板</td><td>限期整改（如多处无垫板且已下沉，需立即停工并采取补救措施或直接拆掉重新搭设）</td></tr>
<tr><td colspan="2">常见隐患：
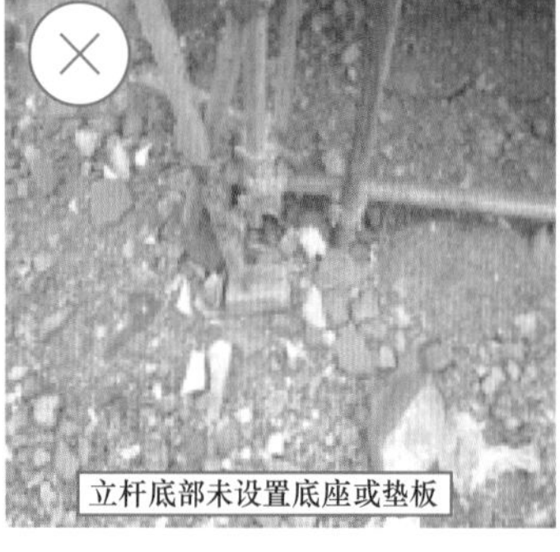

标准图示：
正确的脚手架基底
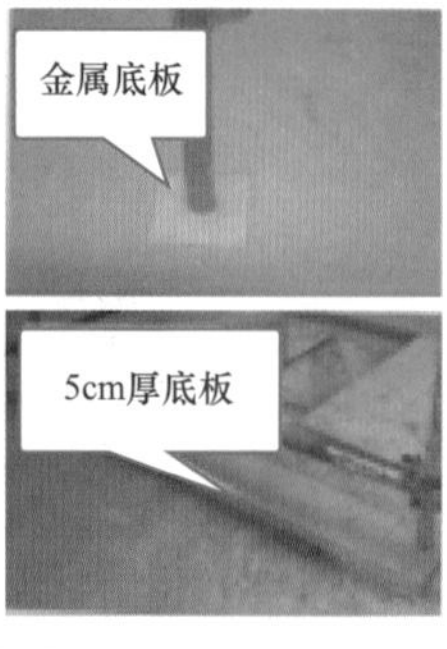
</td></tr>
</table>

续表

检 查 标 准	处 置 措 施
（2）脚手架必须设置纵、横向扫地杆。 纵向扫地杆应采用直角扣件固定在距钢管底端不大于200mm的立杆上。横向扫地杆应采用直角扣件固定在紧靠纵向扫地杆下方的立杆上。［JGJ 130—2011 6.3.2］	限期整改
常见隐患：  标准图示： 	
（3）脚手架立杆基础不在同一高度上时的扫地杆设置。［JGJ 130—2011 6.3.3］ 必须将高处的纵向扫地杆向低处延长两跨与立杆固定，高低差不应大于1m。靠边坡上方的立杆轴线到边坡的距离不应小于500mm 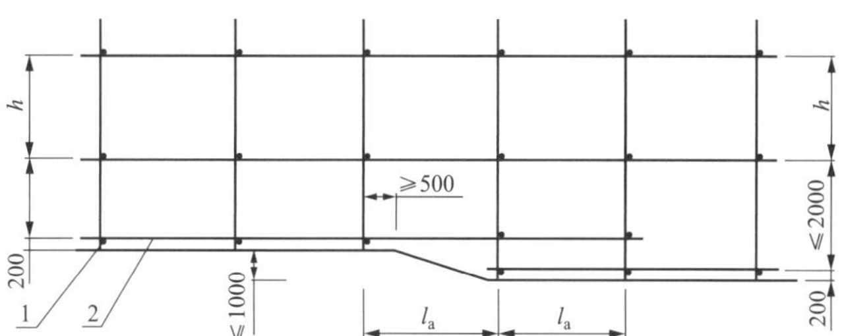 图 6.3.3　纵、横向扫地杆构造［JGJ 130—2011］ 1—横向扫地杆；2—纵向扫地杆	
（4）单、双排脚手架底层步距均不应大于2m。［JGJ 130—2011 6.3.4］ （5）**立杆接长除顶层顶步外，其余各层各步接头必须采用对接扣件连接。**［JGJ 130—2011 6.3.5 强制性条款］	限期整改
常见隐患：  标准图示： 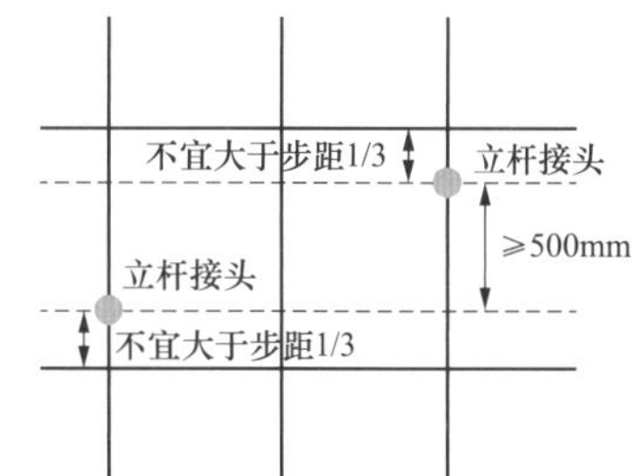 	

续表

检 查 标 准	处 置 措 施
(6)立杆的对接接头应交错布置，两根相邻立杆的接头不应设置在同步内，同步内隔一根立杆的两个相隔接头在高度方向错开的距离不宜小于 500mm，各接头中心至主节点的距离不宜大于步距 1/3。[JGJ 130—2011 6.3.6]	限期整改

常见隐患：

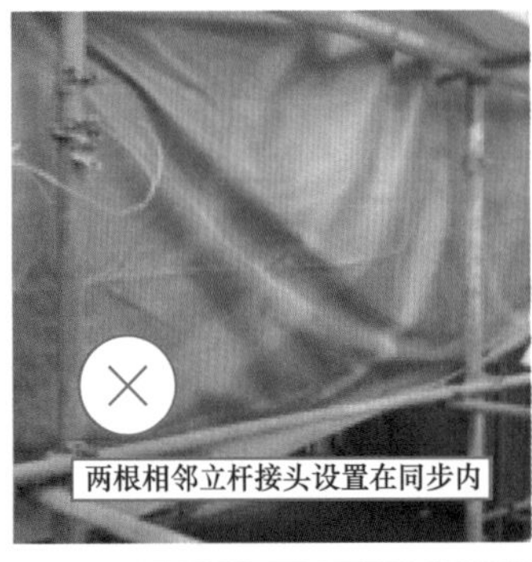

标准图示：

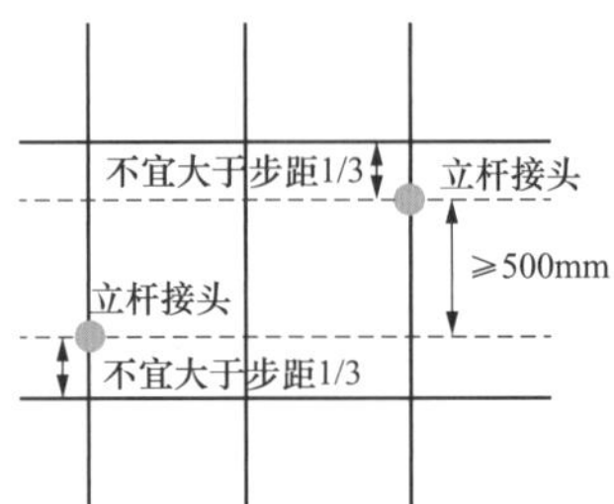

(7)当立杆采用搭接接长时，搭接长度不应小于 1m，并应采用不少于 2 个旋转扣件固定。[JGJ 130—2011 6.3.6]

(8)脚手架立杆顶端栏杆宜高出女儿墙上端 1m，宜高出檐口上端 1.5m。[JGJ 130—2011 6.3.7]

六、连墙件

(1)脚手架连墙件设置的位置、数量应按专项施工方案确定。[JGJ 130—2011 6.4.1]

(2)脚手架连墙件数量的设置满足表 6.4.2 的要求：

表 6.4.2　　连墙件布置最大间距[JGJ 130—2011]

搭设方法	高度	竖向间距 h	水平间距 l_a	每根连墙件覆盖面积 m^2
双排落地	≤50m	$3h$	$3l_a$	≤40
双排悬挑	>50m	$2h$	$3l_a$	≤27
单排	≤24m	$3h$	$3l_a$	≤40

注：h——步距；l_a——纵距。

续表

<table>
<tr><th>检 查 标 准</th><th>处 置 措 施</th></tr>
<tr><td>（3）连墙件需靠近主节点设置，偏离主节点的距离不应大于 300mm。应从底层第一步纵向水平杆处开始设置，当设置有困难时，应采用其他可靠措施固定。应优先采用菱形布置，或采用方形、矩形布置。［JGJ 130—2011 6.4.3］</td><td>限期整改</td></tr>
<tr><td colspan="2">常见隐患：

标准图示：
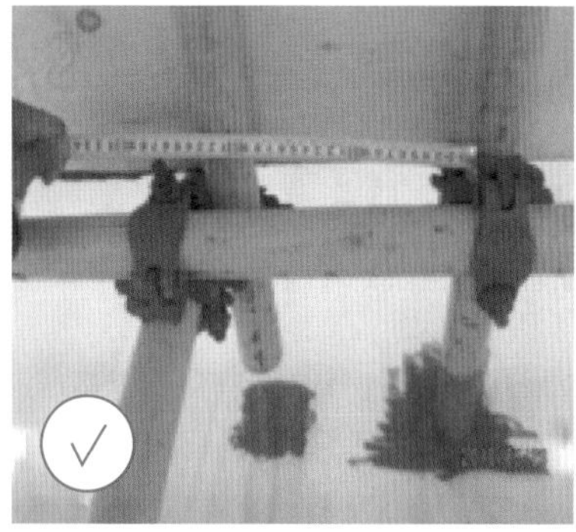</td></tr>
<tr><td colspan="2">（4）开口型脚手架的两端必须设置连墙件，连墙件的垂直间距不应大于建筑物的层高，并且不应大于 4m。［JGJ 130—2011 6.4.4 强制性条款］
（5）连墙件中的连墙杆应呈水平设置，当不能水平设置时，应向脚手架一端下斜连接。［JGJ 130—2011 6.4.5］
标准图示：
</td></tr>
<tr><td colspan="2">（6）对高度 24m 以上的双排脚手架，应采用刚性连墙件与建筑物连接。［JGJ 130—2011 6.4.6］</td></tr>
<tr><td colspan="2">标准图示：
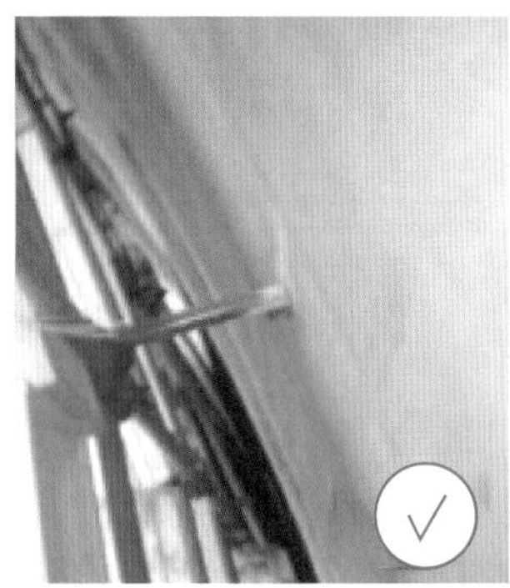 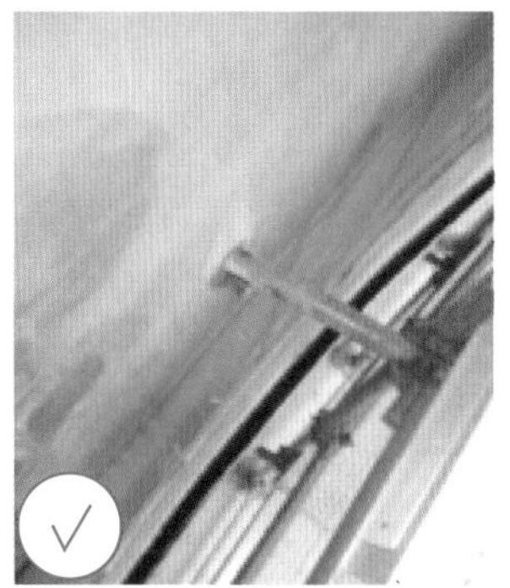</td></tr>
</table>

续表

检 查 标 准	处 置 措 施
（7）当脚手架下部暂不能设连墙件时应采取防倾覆措施。当搭设抛撑时，应采用通长杆件，并用旋转扣件固定在脚手架上，与地面的倾角为 45°～60°之间，连接点中心至主节点的距离不应大于 300mm。抛撑在连墙件搭设后方可拆除。［JGJ 130—2011 6.4.7］	限期整改

常见隐患：

标准图示：

七、剪刀撑与横向斜撑

（1）设置基本要求。

1）双排脚手架应设置剪刀撑与横向斜撑，单排脚手架应设置剪刀撑。［JGJ 130—2011 6.6.1］

2）剪刀撑设置符合规定：每道剪刀撑宽度不应小于 4 跨，且不应小于 6m，斜杆与地面的倾角应在 45°～60°之间。［JGJ 130—2011 6.6.2］

表 6.6.2　　剪刀撑跨越立杆的最多根数［JGJ 130—2011］

剪刀撑斜杆与地面的倾角 α	45°	50°	60°
剪刀撑跨越立杆的最多根数 n	7	6	5

检 查 标 准	处 置 措 施
（2）剪刀撑接长方式和固定方式。 接长应采用搭接或对接。剪刀撑斜杆应用旋转扣件固定在与之相交的横向水平杆的伸出端或立杆上，旋转扣件中心线至主节点的距离不大于 150mm。［JGJ 130—2011 6.6.2］	限期整改

常见隐患：

标准图示：

续表

<table>
<tr><th colspan="2">检 查 标 准</th><th>处 置 措 施</th></tr>
<tr><td colspan="3">（3）设置高度要求。
高度在 24m 及以上的双排脚手架应在外侧全立面连续设置剪刀撑。高度在 24m 以下的单、双排脚手架，均必须在外侧两端、转角及中间间隔不超过 15m 的立面上，各设置一道剪刀撑，并应由底至顶连续设置。［JGJ 130—2011 6.6.3 强制性条款］</td></tr>
<tr><td>常见隐患：

</td><td colspan="2">标准图示：
</td></tr>
<tr><td colspan="3">开口型双排脚手架的两端均必须设置横向斜撑。［JGJ 130—2011 6.6.5 强制性条款］</td></tr>
<tr><td colspan="3">八、斜道</td></tr>
<tr><td colspan="3">高度小于等于 6m 的脚手架宜采用一字形斜道，高度大于 6m 的脚手架宜采用之字形斜道。［JGJ 130—2011 6.7.1］</td></tr>
<tr><td colspan="2">斜道的构造：
（1）运料斜道宽度不应小于 1.5m，坡度不应大于 1:6，人行斜道宽度不应小于 1m，坡度不应大于 1:3。
（2）斜道两侧及平台外围均应设置栏杆及挡脚板，栏杆高度 1.2m，挡脚板高度不应小于 180mm。［JGJ 130—2011 6.7.2］</td><td>限期整改</td></tr>
<tr><td>常见隐患：

</td><td colspan="2">标准图示：

</td></tr>
</table>

续表

检 查 标 准	处 置 措 施

脚手架坡度大于1:3

做了解用：

（1）脚手板横铺时，应在横向水平杆下增设纵向支托杆，纵向支托杆间距不应大于 500mm。

（2）脚手板顺铺时，接头应采用搭接，下面的板头应压住上面的板头，板头的凸棱处应采用三角木填顺。

（3）人行斜道和运料料道的脚手板上应每隔 250～300mm 设置一根防滑木条，木条厚度应为 20～30mm。［JGJ 130—2011 6.7.3］

第三部分：施工

一、作业先决条件检查

检 查 标 准	处 置 措 施
（1）脚手架搭设、拆除作业人员具有架子工证件	严禁进行搭设
（2）手持工具设有防坠落绳。安全带穿戴正确及完好	立即整改
（3）对钢管、扣件、脚手板等进行检查验收，不合格产品不得使用。［参考 JGJ 130—2011 表 8.1.8］	严禁使用不合格产品

表 8.1.8　　　　构配件的允许偏差［JGJ 130—2011］

序号	项目	允许偏差Δ（mm）	示意图	检查工具
1	焊接钢管尺寸（mm） 外径 48.3 壁厚 3.6	±0.5 ±0.36		游标卡尺
2	钢管两端面切斜偏差	1.7	2°　Δ	塞尺、拐角尺
3	钢管外表面锈蚀深度	≤0.18	Δ	游标卡尺

续表

<table>
<tr><th>检 查 标 准</th><th>处 置 措 施</th></tr>
<tr><td>
续表
<table>
<tr><th>序号</th><th>项目</th><th>允许偏差Δ（mm）</th><th>示意图</th><th>检查工具</th></tr>
<tr><td rowspan="3">4</td><td>钢管弯曲
①各种杆件钢管的端部弯曲 1≤1.5m</td><td>≤5</td><td></td><td rowspan="3">钢板尺</td></tr>
<tr><td>②立杆钢管弯曲
3m＜1≤4m
4m＜1≤6.5m</td><td>≤12
≤20</td><td></td></tr>
<tr><td>③水平杆、斜杆的钢管弯曲 1≤6.5m</td><td>≤30</td><td></td></tr>
<tr><td rowspan="2">5</td><td>冲压钢脚手板
①板面挠曲
1≤4m
1＞4m</td><td>≤12
≤16</td><td></td><td rowspan="2">钢板尺</td></tr>
<tr><td>②板面扭曲（任一角翘起）</td><td>≤5</td><td></td></tr>
<tr><td>6</td><td>可调托撑支托变形</td><td>1.0</td><td></td><td>钢板尺、塞尺</td></tr>
</table>
</td><td>严禁使用不合格产品</td></tr>
<tr><td>（4）脚手架施工方案经审批同意。[JGJ 130—2011 7.1.2]</td><td>严禁作业</td></tr>
<tr><td>（5）应清除搭设场地杂物，平整搭设场地，并应使排水畅通。[JGJ 130—2011 7.1.4]</td><td>限期整改</td></tr>
<tr><td>（6）应准备好底座或垫板。（长度不小于 2 跨，厚度不小于 5cm，宽度不小于 200mm 的木垫板）[JGJ 130—2011 7.3.3]</td><td>限期整改</td></tr>
<tr><td colspan="2">二、搭设</td></tr>
<tr><td>（1）搭设第一步时，要核查步距、纵距、横距以及立杆的垂直度符合方案或标准要求。[JGJ 130—2011 7.3.3]</td><td>立即整改</td></tr>
<tr><td>（2）脚手架开始搭设立杆时，应每隔 6 跨设置一根抛撑，至连墙件安装稳定后，方可根据情况拆除。[JGJ 130—2011 7.3.4]（如不设，搭设过程中有坍塌风险）</td><td>立即整改</td></tr>
<tr><td>（3）双排脚手架横向水平杆的靠墙一端至墙装饰面的距离不应大于 100mm。[JGJ 130—2011 7.3.6]</td><td>酌情整改</td></tr>
<tr><td>（4）螺栓拧紧力矩不应小于 40N·m，且不应大于 65N·m。[JGJ 130—2011 7.3.11]</td><td>限期整改</td></tr>
</table>

续表

检查标准	处置措施
常见隐患：  	
（5）各杆件端头伸出扣件盖板边缘的长度不应小于100mm。[JGJ 130—2011 7.3.11]	更换
常见隐患： 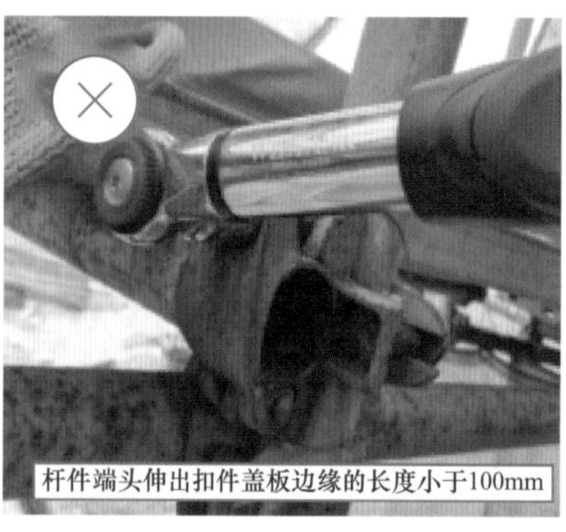 标准图示： 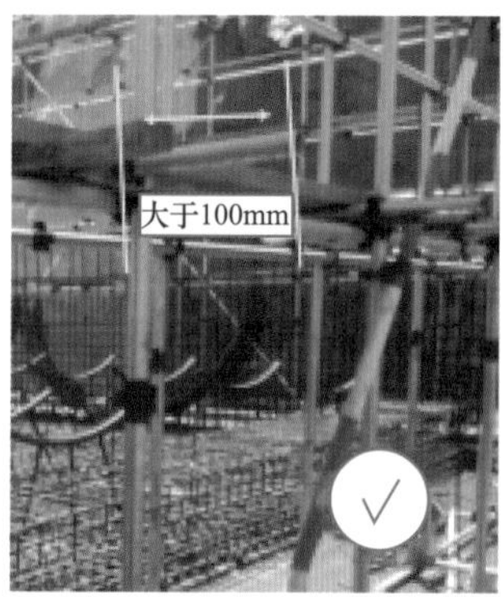 	
（6）挡脚板均应搭设在外立杆的内侧。 （7）挡脚板高度不应小于 180mm。[JGJ 130—2011 7.3.12]	更换
常见隐患：  标准图示： 	

续表

检 查 标 准	处 置 措 施
（8）脚手板应铺满、铺稳，离墙面的距离不应大于150mm。[JGJ 130—2011 7.3.13]	限期整改

常见隐患：　　　　标准图示：

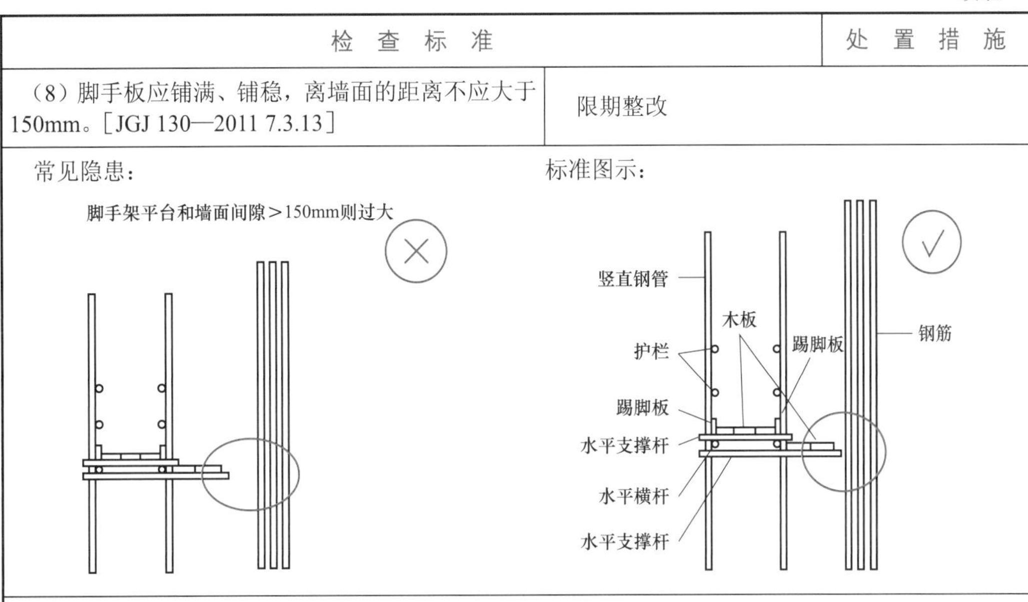

三、脚手架检查与验收

（1）脚手架及地基基础应在下列阶段进行检查与验收：

①基础完工后及脚手架搭设前。

②作业层上施加荷载前。

③每搭设完 6～8m 高度后。

④达到设计高度后。

⑤遇有六级强风及以上风或大雨后，冻结地区解冻后。

⑥停用超过一个月。[JGJ 130—2011 8.2.1]

（2）脚手架搭设的技术要求、允许偏差与检验方法，应符合表 8.2.4 要求。[JGJ 130—2011 8.2.4]（现场脚手架检查时参考用）

表 8.2.4　　脚手架搭设的技术要求、允许偏差与检验方法［JGJ 130—2011］

项目	项目		技术要求	允许偏差Δ（mm）	示意图	检查方法与工具
1	地基基础	表面	坚实平整			观察
		排水	不积水			
		垫板	不晃动			
		底座	不滑动			
			不沉降	−10		
2	单、双排与满堂脚手架立杆垂直度	最后验收立杆垂直度（20～50）m	—	±100		用经纬仪或吊线和卷尺

续表

检查标准	处置措施

续表

<table>
<tr><td>项目</td><td colspan="2">项目</td><td>技术要求</td><td>允许偏差Δ（mm）</td><td>示意图</td><td>检查方法与工具</td></tr>
<tr><td rowspan="5">2</td><td rowspan="5">单、双排与满堂脚手架立杆垂直度</td><td colspan="4">下列脚手架允许水平偏差（mm）</td><td rowspan="5"></td></tr>
<tr><td rowspan="2">搭设中检查偏差的高度（m）</td><td colspan="3">总高度</td></tr>
<tr><td>50m</td><td>40m</td><td>20m</td></tr>
<tr><td>H=2
H=10
H=20
H=30
H=40
H=50</td><td>±7
±20
±40
±60
±80
±100</td><td>±7
±25
±50
±75
±100</td><td>±7
±50
±100</td></tr>
<tr><td colspan="4">中间档次用插入法</td></tr>
<tr><td rowspan="6">3</td><td rowspan="6">满堂支撑架立杆垂直度</td><td>最后验收垂直度30m</td><td>—</td><td>±90</td><td></td><td rowspan="6">用经纬仪或吊线和卷尺</td></tr>
<tr><td colspan="4">下列满堂支撑架允许水平偏差（mm）</td></tr>
<tr><td colspan="2" rowspan="2">搭设中检查偏差的高度（m）</td><td colspan="2">总高度</td></tr>
<tr><td colspan="2">30m</td></tr>
<tr><td colspan="2">H=2
H=10
H=20
H=30</td><td colspan="2">±7
±30
±60
±90</td></tr>
<tr><td colspan="4">中间档次用插入法</td></tr>
<tr><td>4</td><td>单双排、满堂脚手架间距</td><td>步距
纵距
横距</td><td>—
—
—</td><td>±20
±50
±20</td><td></td><td>钢板尺</td></tr>
<tr><td>5</td><td>满堂支撑架间距</td><td>步距
纵距
横距</td><td>—
—
—</td><td>±20
±30</td><td></td><td>钢板尺</td></tr>
<tr><td>6</td><td>纵向水平杆高差</td><td>一根杆的两端</td><td>—</td><td>±20</td><td>Δ
l_a l_a l_a</td><td>水平仪或平尺</td></tr>
</table>

续表

<table>
<tr><th colspan="7">检 查 标 准</th><th>处 置 措 施</th></tr>
<tr><td colspan="8">续表</td></tr>
<tr><td>项目</td><td colspan="2">项目</td><td>技术要求</td><td>允许偏差Δ（mm）</td><td>示意图</td><td>检查方法与工具</td><td></td></tr>
<tr><td>6</td><td>纵向水平杆高差</td><td>同跨内两根纵向水平高差</td><td>—</td><td>±10</td><td> 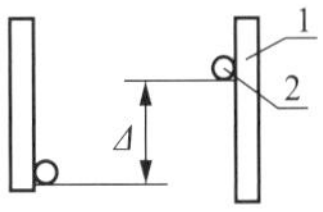1
2
Δ</td><td></td><td></td></tr>
<tr><td>7</td><td colspan="2">剪刀撑斜杆与地面的倾角</td><td>45°～60°</td><td></td><td></td><td>角尺</td><td></td></tr>
<tr><td rowspan="2">8</td><td rowspan="2">脚手板外伸长度</td><td>对接</td><td>a=（130～150）mm
l≤300mm</td><td></td><td> 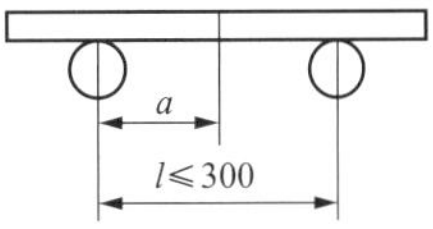a
l≤300</td><td>卷尺</td><td></td></tr>
<tr><td>搭接</td><td>a≥100mm
l≥200mm</td><td></td><td> 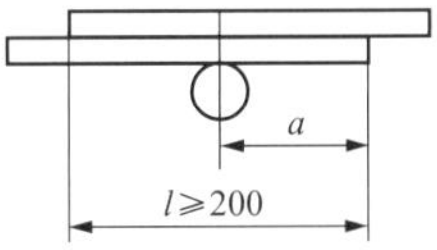a
l≥200</td><td>卷进尺</td><td></td></tr>
<tr><td rowspan="5">9</td><td rowspan="5">扣件安装</td><td>主节点处各扣件中心点相互距离</td><td>a≤500mm</td><td></td><td> 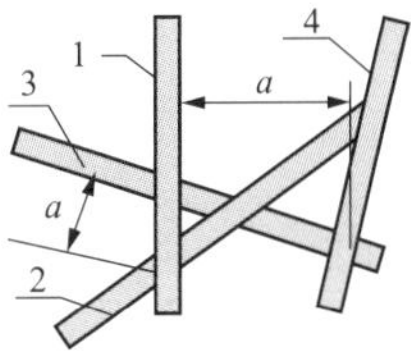1
4
3
a
a
2</td><td>钢板尺</td><td></td></tr>
<tr><td>同步立杆上两个相隔对接扣件的高差</td><td></td><td rowspan="2"></td><td rowspan="2"> 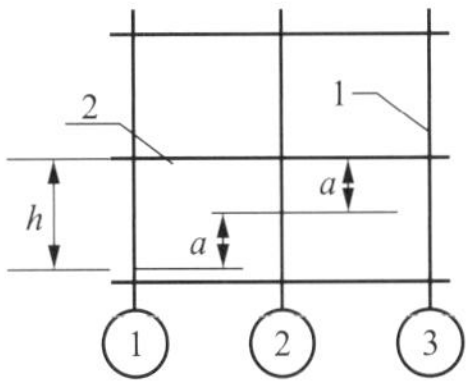2
1
a
h
a
1 2 3</td><td rowspan="2">钢板尺</td><td></td></tr>
<tr><td>立杆上的对接扣件至主节点的距离</td><td>$a≤h/3$</td><td></td></tr>
<tr><td>纵向水平杆的对接扣件至主节点的距离</td><td>$a≤l_a/3$</td><td></td><td> 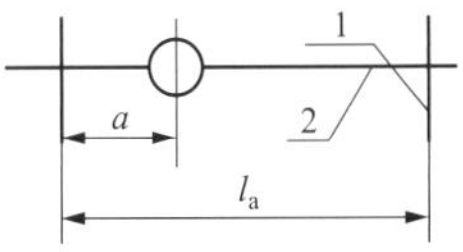1
2
a
l_a</td><td>钢卷尺</td><td></td></tr>
<tr><td>扣件螺栓拧紧扭力矩</td><td>（40～65）N·m</td><td></td><td></td><td>扭力扳手</td><td></td></tr>
<tr><td colspan="8">注：图中1—立杆；2—纵向水平杆；3—横向水平杆；4—剪刀撑。</td></tr>
</table>

续表

检 查 标 准	处 置 措 施
（3）扣件抽样检查数量和质量判定标准。［JGJ 130—2011 表 8.2.5］	

表 8.2.5　　扣件拧紧抽样检查数目及质量判定标准［JGJ 130—2011］

项次	检查项目	安装扣件数量（个）	抽查数量（个）	允许的不合格数量（个）
1	连接立杆与纵（横）向水平杆或剪刀撑的扣件；接长立杆、纵向水平杆或剪刀撑的扣件	51～90 11～150 151～280 2851～500 501～1200 1201～3200	5 8 13 20 32 50	0 1 1 2 3 5
2	连接横向水平杆与纵向水平杆的扣件（非主节点处）	51～90 11～150 151～280 2851～500 501～1200 1201～3200	5 8 13 20 32 50	1 2 3 5 7 10

检 查 标 准	处 置 措 施
四、拆除	
（1）有方案、安全交底、拆除人员资质证件符合要求、设置了监护人并拉设了安全警示区域。［JGJ 130—2011 7.4.1］	严禁开始拆除作业
（2）单、双排脚手架拆除作业必须由上而下逐层进行，严禁上下同时作业；连墙件必须随脚手架逐层拆除，严禁先将连墙件整层或数层拆除后再拆脚手架；分段拆除高差大于两步时，应增设连墙件加固。［JGJ 130—2011 7.4.2］	立即整改
（3）卸料时各构配件严禁抛掷至地面。［JGJ 130—2011 7.4.5］	立即停工并整改
五、安全管理	
（1）**扣件式钢管脚手架安装与拆除人员必须经考核合格的架子工。架子工持证上岗**。［JGJ 130—2011 9.0.1 强制性条款］ 常见隐患：有些单位脚手板由木工铺设是违规的，也是有安全风险的	无证严禁进行搭设
（2）**钢管上严禁打孔**。［JGJ 130—2011 9.0.4 强制性条款］	更换
（3）**作业层上的施工荷载应符合设计要求，不得超载。不得将模板支架、缆风绳、泵送混凝土和砂浆的输送管等固定在架体上。严禁悬挂起重设备，严禁拆除或移动架体上安全防护设施**。［JGJ 130—2011 9.0.5 强制性条款］	整改
（4）满堂支撑架在使用过程中，应设有专人监护施工，当出现异常情况时，应立即停止施工，并应迅速撤离作业面上作业人员。应在采取确保安全的措施后，查明原因、做出判断和处理。［JGJ 130—2011 9.0.6］	立即整改
（5）当有六级强风及以上风、浓雾、雨或雪天气时应停止脚手架搭设与拆除施工。［JGJ 130—2011 9.0.8］	立即整改
（6）夜间不宜进行脚手架搭设与拆除作业。［JGJ 130—2011 9.0.9］	原则意义上不允许

续表

检　查　标　准	处　置　措　施
（7）脚手板应铺设牢固、严实，并应用安全网双层兜底，施工层以下每隔 10m 应用安全网封闭。［JGJ 130—2011 9.0.11］	限期整改
（8）单、双排脚手架、悬挑式脚手架沿架体外围应用密目式安全网全封闭，密目式安全网宜设置在脚手架外立杆的内侧，并应与架体绑扎牢固。［JGJ 130—2011 9.0.12］	限期整改
（9）**在脚手架使用期间，严禁拆除下列杆件：** 1）**主节点处的纵、横向水平杆，纵、横向扫地杆；** 2）**连墙件**。［JGJ 130—2011 9.0.13 强制性条款］ 特别关注：调查表明，横向水平杆挪作他用的现象十分普遍，致使立杆的计算长度成倍增大，承载力下降。这正是造成脚手架安全事故的重要原因之一。［JGJ 130—2011　条文说明］	一经发现，严肃处理
（10）**当在脚手架使用过程中开挖脚手架基础下的设备基础或管沟时，必须对脚手架采取加固措施**。［JGJ 130—2011 9.0.14 强制性条款］	立即停工整改
（11）在脚手架上进行电、气焊作业时，应有防火措施和专人看守。［JGJ 130—2011 9.0.17］	限期整改
（12）搭拆脚手架时，地面应设围栏和警戒标志，并应派专人看守，严禁非操作人员入内。［JGJ 130—2011 9.0.19］	立即整改

4.2　模板支撑架隐患排查

根据 JGJ 59—2011《建筑施工安全检查标准》、JGJ 166—2016《建筑施工碗扣式钢管脚手架安全技术规范》，编制下述检查标准，见表 4-2。

表 4-2　　模板支撑架隐患排查表

检　查　标　准	处　置　措　施
第一部分：保证项目	
一、施工方案	
（1）未编制专项施工方案或结构设计未经计算。 （2）专项施工方案未经审核、审批。［JGJ 166—2016 1.0.3 碗扣式钢管脚手架施工前，必须编制专项施工方案。模板支撑架应按本规范的规定对其结构构件和立杆地基承载力进行设计计算］ （3）超规模模板支架专项施工方案未按规定组织专家论证	严禁开始作业
二、支架基础	
（1）基础不坚实平整，承载力不符合专项施工方案要求。［JGJ 166—2016 对平整的要求：平整度偏差不得大于 20mm］ （2）土层地基上的立杆底部应设置底座和混凝土垫层，垫层混凝土标号不应低于 C15，厚度不应小于 150mm，当采用垫板代替混凝土垫层时，垫板宜采用厚	限期整改（作业前检查，一经发现，立即整改）

续表

检　查　标　准	处　置　措　施
度不小于 50mm，宽度不小于 200mm，长度不小于两跨的木垫板。 （3）混凝土结构层上的立杆底部应设置底座或垫板。 （4）未按规范要求设置扫地杆。［JGJ 166—2016 6.1.3 要求扫地杆距离地面距离不应超过 400mm］ （5）未采取排水设施。 （6）支架设在露面结构上时，未对露面结构的承载力进行验算或露面结构下方未采取加固措施	限期整改（作业前检查，一经发现，立即整改）
三、支架构造	
（1）立杆纵、横间距大于设计和规范要求。［JGJ 166—2016 6.3.6：Q235 级钢材：不大于 1.5m；Q345 级钢材：不大于 1.8m］ （2）水平杆步距大于设计和规范要求。［JGJ 166—2016 6.3.5：Q235 级钢材：不大于 1.8m；Q345 级钢材：不大于 2.0m］ （3）水平杆未连续设置。［JGJ 166—2016 2.1.8：包括纵向水平杆和横向水平杆］ （4）未按规范要求设置竖向、水平剪刀撑或专用水平斜杆。［JGJ 166—2016 6.3.8：模板支撑架应设置竖向斜撑杆，并应符合规范要求］（仅做了解，现在建筑施工工地专用斜杆已较少采用，取而代之的是采用钢管扣件作为各种斜撑和剪刀撑） （5）剪刀撑或斜杆设置不符合规范要求。［JGJ 166—2016 6.3.12：当模板支撑架同时满足下列条件时，可不设置竖向及水平向的斜撑杆和剪刀撑： 1）搭设高度小于 5m 且架体高宽比小于 1.5。 2）被支撑结构自重面荷载标准值不大于 5kN/m^2 且线荷载标准值不大于 8kN/m。 3）架体按规范要求与既有建筑结构进行了可靠连接。 4）场地地基坚实、均匀，满足承载力要求。］ 如超出上述标准，则按照下述要求设置剪刀撑： 1）应在架体周边、内部纵向和横向每隔不大于 6m 设置一道竖向钢管扣件剪刀撑。 2）应在架体顶层水平杆设置层、竖向每隔不大于 8m 设置一道水平剪刀撑。 3）剪刀撑与地面夹角 45°～60°。搭接长度≥1m，搭接扣件不少于 2 个。每步扣接与节点间距≤150mm	限期整改，整改前不得浇筑混凝土
四、支架稳定	
（1）支架高宽比超过规范要求未采取与建筑结构刚性连接或增加架体宽度等措施。 （2）浇筑混凝土未对支架的基础沉降、架体变形采取检测措施	限期整改
五、施工荷载	
（1）荷载堆放不均匀。（按方案检查） （2）施工荷载超过设计规定。（按方案检查） （3）浇筑混凝土未对混凝土堆积高度进行控制	
六、交底与验收	
（1）支架搭设、拆除前未进行交底或无文字记录。 （2）架体搭设完毕未办理验收手续。 注：目前多未执行验收，此为日后改进点。 （3）验收内容未进行量化，或未经责任人签字确认	停工培训

续表

<table>
<tr><th>检 查 标 准</th><th>处 置 措 施</th></tr>
<tr><td colspan="2">第二部分：一般项目</td></tr>
<tr><td colspan="2">一、杆件连接</td></tr>
<tr><td>（1）立杆连接不符合规范要求。
（2）水平杆连接不符合规范要求。
（3）剪刀撑斜杆接长不符合规范要求。
（4）杆件各连接点的紧固不符合规范要求</td><td>限期整改</td></tr>
<tr><td colspan="2">二、底座与托撑</td></tr>
<tr><td>（1）螺杆直径与立杆内径不匹配。
（2）螺杆旋入螺母内的长度或外伸长度不符合规范要求。[JGJ 166—2016 6.3.3：立杆顶端可调托撑伸出顶层水平杆的悬臂长度不应超过650mm。可调托撑和可调底座螺杆插入立杆的长度不得小于150mm，伸出立杆的长度不宜大于300mm，安装时其螺杆应与立杆钢管上下同心，且螺杆外径与立杆钢管内径的间隙不应大于3mm]</td><td>更换</td></tr>
<tr><td colspan="2">标准图示：
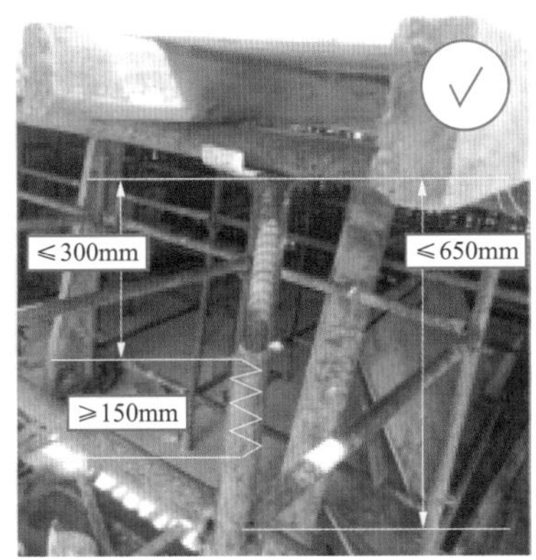
</td></tr>
<tr><td>（3）可调托撑上主楞支撑梁应居中设置，接头宜设置在U形托板上，同一断面上主楞支撑梁接头数量不超过50%</td><td></td></tr>
<tr><td colspan="2">常见隐患：

支撑梁未居中设置</td></tr>
</table>

续表

检 查 标 准	处 置 措 施
三、构配件材质	
（1）钢管壁厚不小于 3mm。表面平直光滑，无裂缝、结疤、分层、错位、硬弯、毛刺、压痕及严重锈蚀。表面应涂防锈漆或进行镀锌处理。 （2）上下碗扣、水平杆和斜杆接头：碗扣的铸造件表面光滑平整，无砂眼、缩孔、裂纹、浇冒口残余等缺陷。锻造件和冲压件无毛刺、裂纹、氧化皮等缺陷。上碗扣能上下窜动、转动灵活，无卡滞现象。 （3）立杆连接套管：采用外插套时，外插套管壁厚不小于 3.5mm，当采用内套管时，壁厚不小于 3mm。插套长度不小于 160mm，焊接端插入长度不小于 60mm，外伸长度不小于 110mm，插套与立杆钢管间的间隙不大于 2mm。 （4）可调底座及可调托撑：螺杆外径不小于 38mm，空心螺杆壁厚不小于 5mm，螺杆与调节螺母啮合长度不小于 5 扣，螺母厚度不小于 30mm。可调托撑 U 形托板厚度不小于 5mm，弯曲变形不大于 1mm。可调底座垫板厚度不小于 6mm，螺杆与托板或垫板焊接牢固	限期更换
四、支架拆除	
（1）支架拆除前未确认混凝土强度达到设计要求。 （2）未按规定设置警戒区或未设置专人监护。 **（3）双排脚手架的拆除作业，必须符合下列规定：** 1）**架体拆除应自上而下逐层进行，严禁上下层同时拆除；** 2）**连墙件应随脚手架逐层拆除，严禁先将连墙件整层或数层拆除后再拆除架体；** 3）**拆除作业过程中，当架体的自由端高度大于两步时，必须增设临时拉结件**。［JGJ 166—2016 7.4.7 强制性条款］	立即停工
五、特别规定	
脚手架使用期间，严禁擅自拆除架体主节点处的纵向水平杆、横向水平杆，纵向扫地杆、横向扫地杆和连墙件	立即停工、整改

4.3 气焊作业隐患排查

根据 TSG R0006—2014《气瓶安全技术监察规程》、GB 9448《焊接与切割安全》、GB/T 20262《焊接、切割及类似工艺用气瓶减压器安全规范》、GB/T 2550—2016《气体焊接设备 焊接、切割和类似作业用橡胶软管》等编制下述检查标准，见表 4-3。

表 4-3 气焊作业隐患排查表

序号	检 查 标 准	处 置 措 施
第一部分：气瓶安全检查部分		
一、入场验收（资料检查）		
1	气瓶供应商是否证件齐全，包含：①营业执照；②安全生产许可证；③气瓶充装许可证；④气瓶检验合格证；⑤危险化学品经营许可证。（《危险化学品安全管理条例》第一章第六条）	资料不齐全，原则上严禁其入场

续表

序号	检 查 标 准	处 置 措 施

图示：

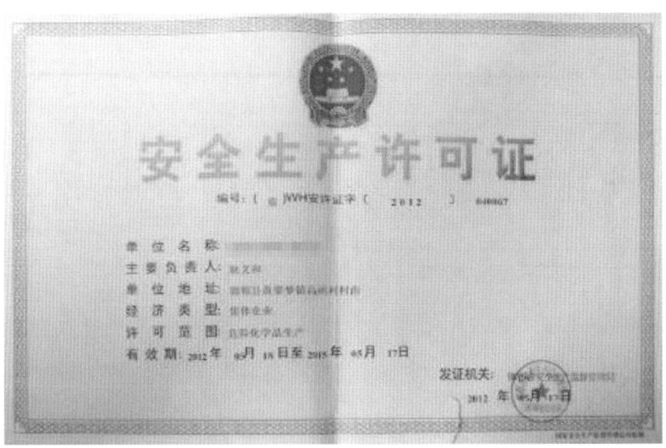

安全生产许可证

编号：（ ）WH安许证字（ 2012 ）

单 位 名 称：
主要负责人：
单 位 地 址：
经 济 类 型：
许 可 范 围：
有 效 期：2012年 月 日至2015年 月 17日

发证机关：
2012 年 月 日

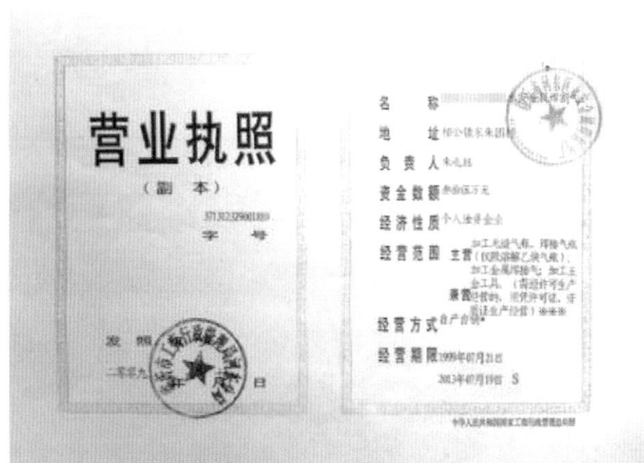

营业执照
（副 本）

字 号

名 称
地 址
负 责 人
资金数额
经济性质
经营范围 主营
兼营
经营方式
经营期限

中华人民共和国
特种设备检验检测机构核准证

（气瓶检验机构）

机构地址：新疆乌鲁木齐市高新区河北东路188号

有效期至：2016年12月13日

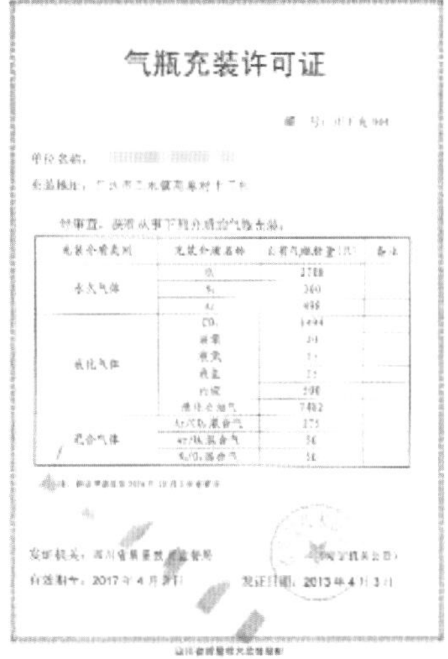

气瓶充装许可证

单位名称：

发证日期：2013年4月3日

续表

<table>
<tr><th>序号</th><th>检 查 标 准</th><th>处 置 措 施</th></tr>
<tr><td colspan="3">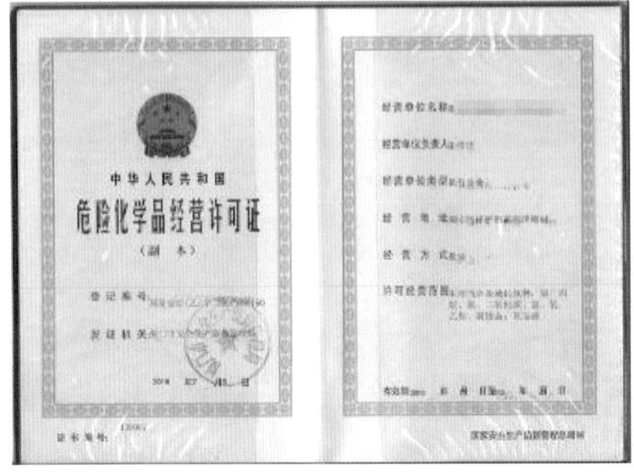
中华人民共和国
危险化学品经营许可证
（副 本）</td></tr>
<tr><td colspan="3">二、入场验收（现场检查）</td></tr>
<tr><td>1</td><td>气瓶是否有出厂合格证、警示标签。[《气瓶安全技术监察规程》4.10，6.4]</td><td>未张贴合格证，严禁入场</td></tr>
<tr><td>2</td><td>检查气瓶制造钢印和检验钢印，确认其在检验有效期内。[《气瓶安全技术监察规程》7.4]
检验周期：氧气—3 年；乙炔—3 年；二氧化碳—3 年；混合气—3 年；氩气—5 年</td><td>如气瓶过检验有效期，必须督促承包商立即清退，不得进入现场</td></tr>
<tr><td colspan="3">标准图示：
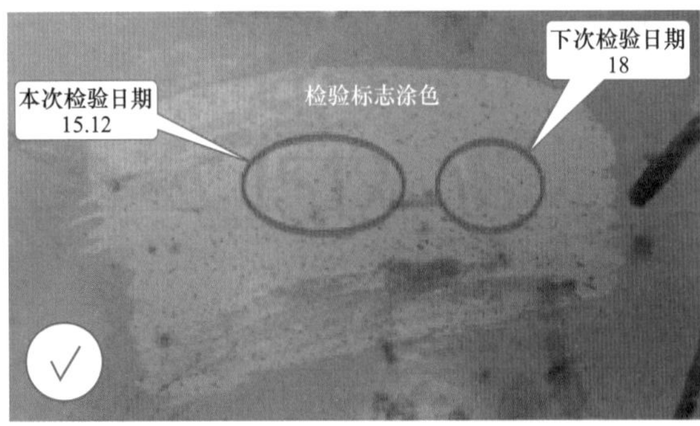
</td></tr>
</table>

续表

<table>
<tr><th>序号</th><th>检 查 标 准</th><th>处 置 措 施</th></tr>
<tr><td colspan="3">常见隐患：
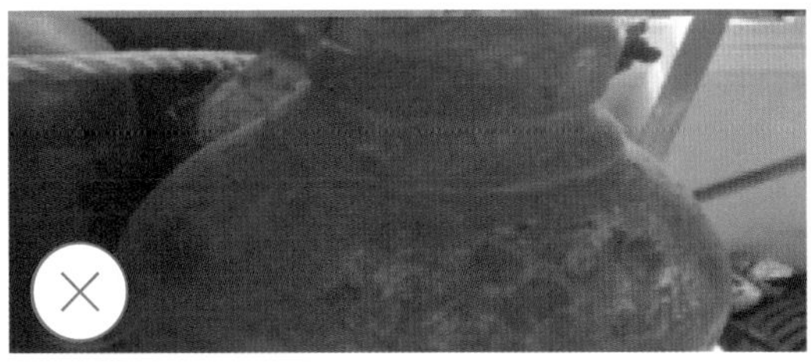
标准图示：

常见隐患：

</td></tr>
<tr><td>3</td><td>气嘴有无变形、开关有无缺失、外观是否正常、其他附件齐全，是否符合安全要求</td><td>严禁有缺陷气瓶入场，如现场发现要求承包商立即清退</td></tr>
<tr><td colspan="3">常见隐患：
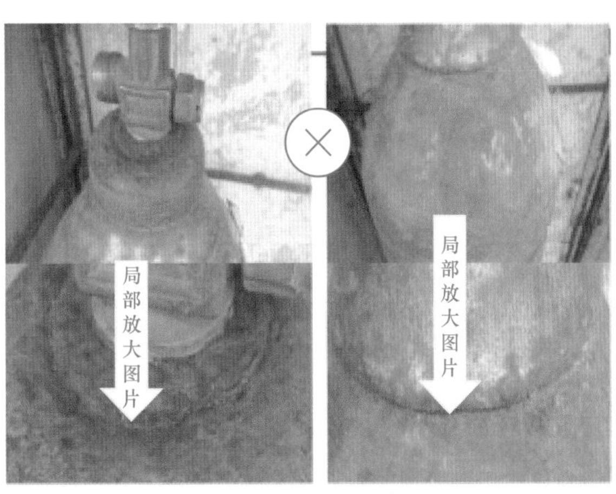
</td></tr>
</table>

续表

<table>
<tr><th>序号</th><th>检 查 标 准</th><th>处 置 措 施</th></tr>
<tr><td>4</td><td>气瓶有无防震圈（上、下共两个），防震圈无裂痕。气瓶有无防护帽</td><td>如气瓶无防震圈和气瓶帽应严禁入场。如日常检查中发现无防震圈和气瓶帽，应要求施工单位尽快完成整改</td></tr>
<tr><td colspan="3">标准图示：
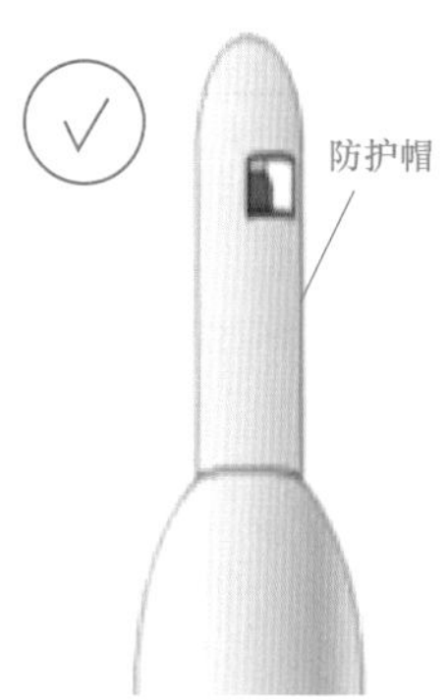

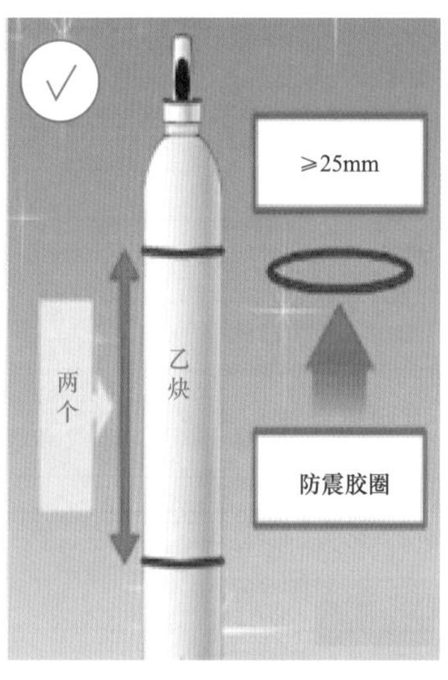

常见隐患：
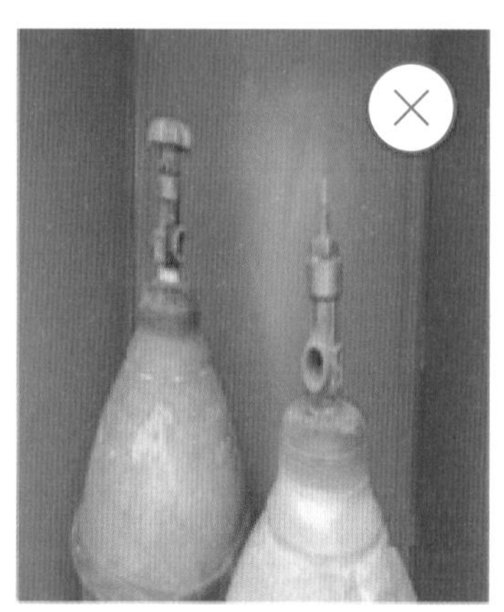
</td></tr>
<tr><td colspan="3">第二部分：气体焊接作业现场检查</td></tr>
<tr><td colspan="3">一、作业先决条件</td></tr>
<tr><td>1</td><td>必须持有动火作业许可证，明确动火人员和监护人员</td><td>无动火作业证，应暂停施工，要求其办理动火证</td></tr>
<tr><td>2</td><td>气焊、气割作业人员都必须经过专业培训，持证上岗。操作证复审周期 2 年一次，连续从事本工种 10 年以上人员经用人单位教育考核、复审时间可延长至 4 年一次</td><td>严禁无证上岗，立即停工整改</td></tr>
<tr><td>3</td><td>焊接作业周边 5m 范围内布置有灭火器</td><td>暂停施工，布置灭火器</td></tr>
</table>

续表

<table>
<tr><th>序号</th><th>检 查 标 准</th><th>处 置 措 施</th></tr>
<tr><td colspan="3">二、气瓶外观检查</td></tr>
<tr><td>1</td><td>检查氧气瓶、乙炔气瓶外观是否正常；气嘴有无变形</td><td>气嘴变形，应立即停止使用，更换气瓶</td></tr>
<tr><td>2</td><td>检查氧气瓶、乙炔气瓶防震圈是否缺失、损坏</td><td>限期整改</td></tr>
<tr><td>3</td><td>气瓶是否固定牢固</td><td>暂停施工，进行整改</td></tr>
<tr><td colspan="3">标准图示：

常见隐患：
</td></tr>
<tr><td>4</td><td>气瓶不应靠近热源。可燃、助燃性气体气瓶，与明火距离不应小于 10m。[《溶解乙炔安全管理规定》第三十九条]</td><td>立即停工整改</td></tr>
<tr><td colspan="3">标准图示：

</td></tr>
<tr><td>5</td><td>气瓶在检定有效期内。
氧气—3 年；乙炔—3 年；二氧化碳—3 年；混合气—3 年；氩气—5 年</td><td>立即停工，清退不合格气瓶</td></tr>
<tr><td colspan="3">三、橡胶软管</td></tr>
<tr><td>1</td><td>使用合格橡胶软管。（乙炔：红色软管；氧气：蓝色软管；氩气/二氧化碳：黑色；液化石油气：橙色；焊剂燃气：红色）[GB/T 2550—2016]</td><td>如胶管颜色不对应，可能存在胶管混用的情况，应立即停止施工，查找原因，更换新胶管</td></tr>
</table>

续表

序号	检 查 标 准	处 置 措 施
2	乙炔胶管管道的连接，应使用含铜 70%以下的铜管、低合金钢管或不锈钢管	如连接材质不符合要求，应立即停工，要求其进行更换
四、减压器		
1	氧气、溶解乙炔气、液化石油气等减压器，必须选用符合气体特性的专业可靠的减压器，禁止使用未经检验合格的减压器	减压器未经检验合格，应暂停施工更换减压器
图示：  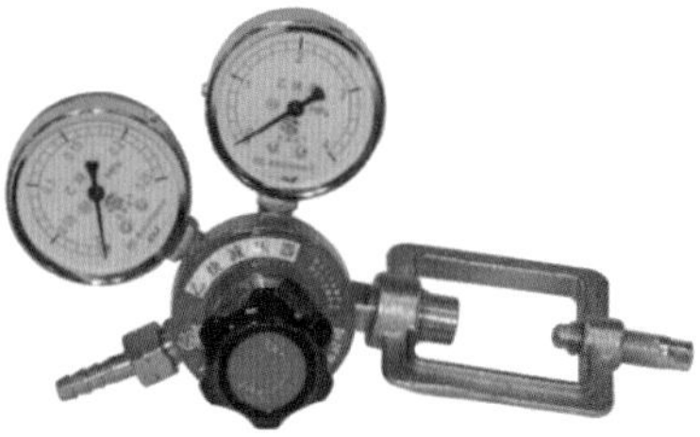		
2	各种气体专用减压器，禁止换用或替用。减压器在气瓶上应安装牢固。采用螺扣连接时，应拧足 5 个螺扣以上；采用专用夹具夹紧时，装卡平整牢靠	暂停施工，进行固定
3	禁止用棉、麻绳或一般橡胶等作为减压器的密封垫圈。使用两种不同气体进行焊接时，减压器的出口端都应各自装有单向阀，防止相互倒灌	限期整改
4	不准在高压气瓶或集中供气的汇流导管的减压器上挂放任何物件	立即整改
五、焊、割炬		
1	焊、割炬，应采用安全点火器，禁止用普通火柴点火	限期整改
图示： 切割氧气阀 氧气 乙炔 割嘴 预热氧气阀 乙炔阀		

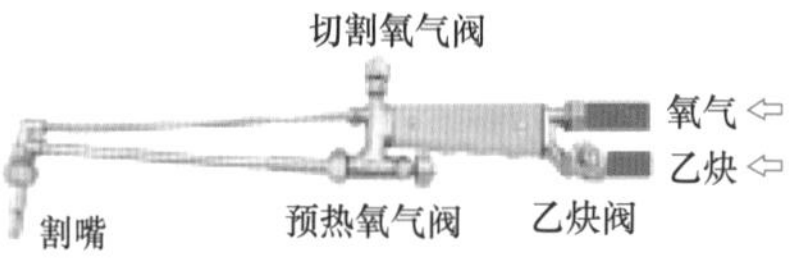

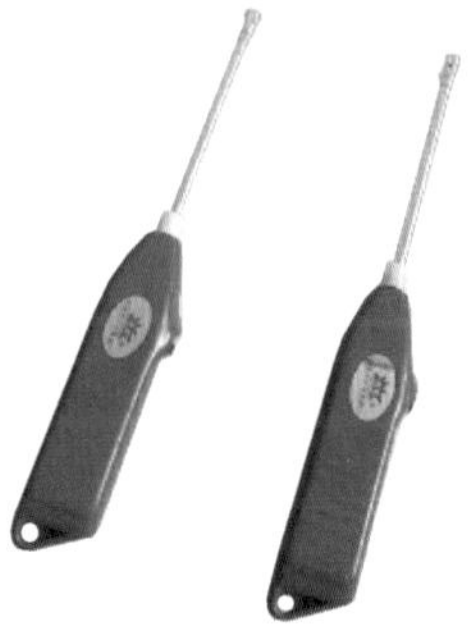

续表

序号	检 查 标 准	处 置 措 施
六、回火器		
1	乙炔瓶体及焊割炬上都必须安装回火逆止阀。（如乙炔瓶未安装回火器，或者回火器老化，急剧燃烧的乙炔混合气体会在高压氧气的推动下把火源推回到乙炔瓶内，导致事故发生）	立即停工整改
图示： 乙炔 氧气		
七、现场操作检查		
1	作业人员穿戴合格的防护用品，主要检查防护面罩佩戴情况	未戴面罩应暂停施工，并进行佩戴
2	乙炔最高工作压力严禁超过 0.147MPa（表压）	暂停施工，调整压力
3	容器、气瓶、管道、仪表、阀门等连接单位应采用涂抹肥皂方法检漏，严禁使用明火检漏	立即停工，对承包商进行处理，对员工实行黑名单
4	气瓶、溶解乙炔瓶等气瓶，不应放空，瓶内留有压力不小于 0.98～1.96MPa 的余气（表压）	限期整改
5	禁止使用电磁吸盘、钢丝绳、链条等吊运各类焊割用气瓶。气瓶、溶解乙炔瓶等均应稳固竖立或装在专用车上使用	立即停工，对承包商进行处理，对员工实行黑名单
八、气瓶的搬运		
1	乙炔气瓶的搬运、装卸、使用时都应竖立放稳，严禁在地面上卧放并直接使用。一旦要使用已卧放的乙炔瓶，必须先直立后静止 20min 再连接乙炔减压器使用。（乙炔气瓶中的丙酮会在气瓶倒放时流出，引起燃烧爆炸事故）	立即停工，对员工进行批评教育
2	严禁抛掷气瓶、滚动气瓶。 事件反馈：某单位员工将氧气瓶用脚蹬下运输车，第二个气瓶正好砸在第一个气瓶上面，立即引起 2 个气瓶爆炸，一死一伤	立即制止，员工列入黑名单，对承包商进行处理

4.4 孔洞防护隐患排查

根据 JGJ 80—2016《建筑施工高处作业安全技术规范》，编制下述检查标准，见表 4-4。

表 4-4　　　　　　孔洞防护隐患排查表

序号	检 查 标 准	处 置 措 施
第一部分：孔洞防护安全检查标准		
一、非竖向洞口防护		
1	［25mm，500mm］**当洞口短边边长为 25～500mm 时，应采用承载力满足使用要求的盖板覆盖，盖板四周搁置应均衡，且应防止盖板移位**。［JGJ 80—2016 4.2.1 强制性条款］	立即整改
标准图示： 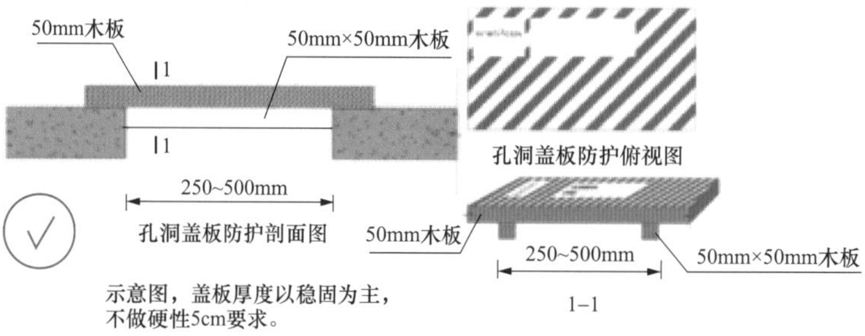		
2	［500mm，1500mm］**当洞口短边边长为 500～1500mm 时，应采用盖板覆盖或防护栏杆等措施，并应固定牢固**。［JGJ 80—2016 4.2.1 强制性条款］	立即整改
标准图示： 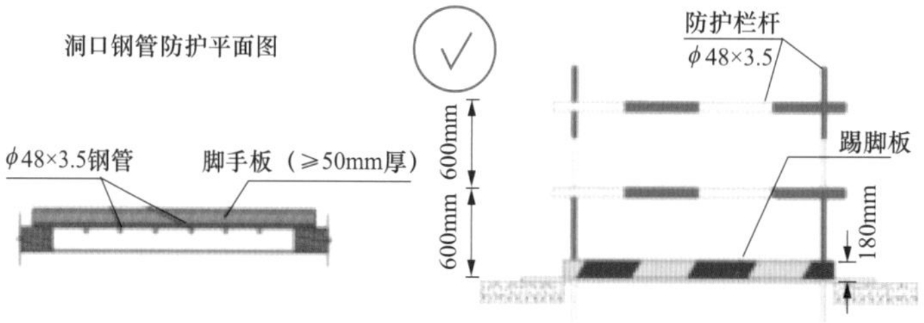		
3	［≥1500mm］**洞口短边边长大于或等于 1500mm 时，应在洞口作业侧设置高度不小于 1.2m 的防护栏杆，洞口应采用安全平网封闭**。［JGJ 80—2016 4.2.1 强制性条款］	立即整改
标准图示： 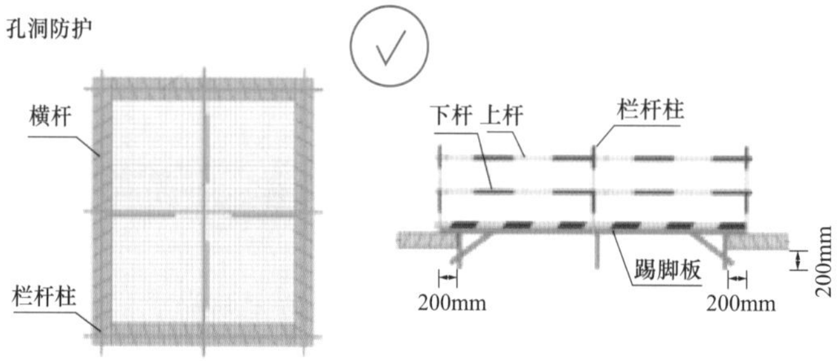		

续表

序号	检 查 标 准	处 置 措 施
二、竖向洞口防护		
1	**（1）当竖向洞口短边边长小于500mm时，应采取封堵措施；当垂直洞口短边边长大于或等于500mm时，应在临空一侧设置高度不小于1.2m的防护栏杆，并应采用密目式安全立网或工具式栏板封闭，设置挡脚板**。［JGJ 80—2016 4.2.1 强制性条款］ （2）墙面等处落地的竖向洞口、窗台高度低于800mm的竖向洞口及框架结构在浇筑完混凝土未砌筑墙体时的洞口，应按临边防护要求设置防护栏杆。［JGJ 80—2016 4.2.5］	立即整改
第二部分：临边防护安全检查标准		
1	（1）临边作业的防护栏杆应由横杆、立杆及挡脚板组成，并符合下列规定： 1）上杆距离地面高度应为1.2m。 2）防护栏杆立距间距不应大于2m。 3）挡脚板高度不应小于180mm。［JGJ 80—2016 4.3.1］ （2）防护栏杆立杆底端应固定牢固。［JGJ 80—2016 4.3.2］ （3）防护栏杆的立杆和横杆的设置、固定及连接，应确保防护栏杆在上下横杆和立杆任何部位处，均能承受任何方向1kN的外力作用。［JGJ 80—2016 4.3.4］	按照风险大小，决定是否立即整改或限期整改
第三部分：孔洞临边防护拆除与恢复		
1	孔洞临边防护设施的拆除与恢复应办理许可证，确保拆除前有临时防护措施，恢复后符合孔洞临边防护要求	无证严禁私自拆除，对作业人员进行批评教育

4.5 动火作业隐患排查

根据GB 50720—2011《建设工程施工现场消防安全技术规范》、GB 9448—1999《焊接与切割安全》等编制下述检查标准（见表4-5），其中仅针对动火作业本身，其使用的电焊机、手动电动工具将另行编制检查标准。

表4-5　　动火作业隐患排查表

序号	检 查 标 准	处 置 措 施
第一部分：总体要求		
一、动火作业前		
1	动火作业应办理动火许可证，动火许可证的签发人收到动火申请后，应前往现场查验并确认动火作业的防火措施落实后，再签发动火许可证。［GB 50720—2011 6.3.1.1］	停止作业，补充办理动火许可证，确认现场安全条件后，继续实施动火作业

续表

序号	检 查 标 准	处 置 措 施
2	动火操作人员应具有相应资格。[GB 50720—2011 6.3.1.2]	停止作业，动火作业人员需满足相应动火作业资质
	现场焊接与切割动火作业，其特种作业操作证，应为安监总局颁发，作业目录应为焊接与热切割，具体样式如下：	
3	**焊接、切割、烘烤或加热等动火作业前，应对作业现场的可燃物进行清理；作业现场及其附近无法移走的可燃物应采用不燃材料覆盖或隔离**。[GB 50720—2011 6.3.1.3 强制性条文]	停止作业，清理作业现场可燃物
4	施工作业安排时，宜将动火作业安排在使用可燃建筑材料施工作业之前进行。确需在可燃建筑材料施工作业之后进行动火作业的，应采取可靠的防火保护措施。[GB 50720—2011 6.3.1.4]	停止作业，采取有效可靠的防火保护措施
5	**裸露的可燃材料上严禁直接进行动火作业**。[GB 50720—2011 6.3.1.5 强制性条文]	停止作业，清理可燃物或采取有效的防火保护措施
二、动火作业中		
1	焊接、切割、烘烤或加热等动火作业应配备灭火器材，并应设置动火监护人进行现场监护，每个动火作业点均应设置1个监护人。[GB 50720—2011 6.3.1.6]	停止作业，补充灭火器材，并设置监护人
2	五级（含五级）以上风力时，应停止焊接、切割等室外动火作业，确需动火作业时，应采取可靠的挡风措施。[GB 50720—2011 6.3.1.7]	停止作业，等待风力降低或采取可靠挡风措施
3	**具有火灾、爆炸危险的场所严禁明火**。[GB 50720—2011 6.3.1.9 强制性条文]	停止作业
三、动火作业后		
1	动火作业后，应对现场进行检查，并应在确认无火灾危险后，动火操作人员再离开。[GB 50720—2011 6.3.1.8]	确认无火灾危险
四、其他		
1	施工现场不应采用明火取暖。[GB 50720—2011 6.3.1.10]	停止明火取暖
第二部分：焊接（电）		
1	为了防止作业人员或邻近区域的其他人员受到焊接及切割电弧的辐射及飞溅伤害，应用不可燃或耐火屏板（或屏罩）加以隔离保护。[GB 9448—1999 4.1.3]	停止作业，增加隔离保护措施

续表

序号	检 查 标 准	处 置 措 施
2	焊接及切割应在为减少火灾隐患而设计、建造（或特殊指定）的区域内进行。因特殊原因需要在非指定的区域内进行焊接或切割操作时，必须经检查、核准。［GB 9448—1999 6.2］	停止作业，移至指定区域进行动火作业
3	工件及火源无法转移时，要采取措施限制火源以免发生火灾，如： a）易燃地板要清扫干净，并以洒水、铺盖湿沙、金属薄板或类似物品的方法加以保护。 b）地板上的所有开口或裂缝应覆盖或封好，或者采取其他措施以防地板下面的易燃物与可能由开口处落下的火花接触。对墙壁上的裂缝或开口、敞开或损坏的门、窗亦要采取类似的措施。［GB 9448—1999 6.3.3］	停止作业，检查并确认火源限制措施落实到位
4	在下列焊接或切割的作业点及可能引发火灾的地点，应设置火灾警戒人员： a）靠近易燃物之处建筑结构或材料中的易燃物距作业点 10m 以内。 b）开口在墙壁或地板有开口的 10m 半径范围内（包括墙壁或地板内的隐蔽空间）放有外露的易燃物。 c）金属墙壁靠近金属间壁、墙壁、天花板、屋顶等处另一侧易受传热或辐射而引燃的易燃物。 d）船上作业在油箱、甲板、顶架和舱壁进行船上作业时，焊接时透过的火花、热传导可能导致隔壁舱室起火。 ［GB 9448—1999 6.4.2］	停止作业，设置火灾警戒人员
5	火灾警戒人员的职责是监视作业区域内的火灾情况；在焊接或切割完成后检查并消灭可能存在的残火。［GB 9448—1999 6.4.3］	消灭可能存在的残火
6	当焊接或切割装有易燃物的容器时，必须采取特殊的安全措施并经严格检查批准方可作业，否则严禁开始工作。［GB 9448—1999 6.5］	停止作业，确认安全措施严格落实后方可继续进行动火作业

4.6 挖掘作业隐患排查

根据 JGJ 59—2011《建筑施工安全检查标准》、JGJ 180—2009《建筑施工土石方工程安全技术规范》、QSY 1247—2009《挖掘作业安全管理规范》编制下述检查标准，见表 4-6。

表 4-6　　挖掘作业隐患排查表

序号	检 查 标 准	处 置 措 施
一、安全先决条件检查		
1	作业前是否办理《动土作业许可证》。 ［目的：实施作业许可管理，可以避免人员在不具备挖掘作业条件的情况下擅自作业，保证所有的挖掘作业都按照挖掘作业许	立即停止作业，查明原因，进行处理

续表

<table>
<tr><th>序号</th><th>检 查 标 准</th><th>处 置 措 施</th></tr>
<tr><td>1</td><td>可证上所列的安全措施进行了检查、确认并落实，使相应的风险得到很好的控制。]［解释：挖掘深度超过 0.5m 需要办理］
事故反馈：外部经常发生动土作业将地下管线、电缆挖破的事故，影响施工进度的同时有经济损失。某日上午，某工地发生地下丙烯管道泄漏爆燃事故，共造成 22 人死亡，120 人住院治疗，其中 14 人重伤，爆燃点周边部分建（构）筑物受损，直接经济损失 4784 万元。此事故是由于在开挖地下管道时挖掘机损坏地下管道，导致丙烯大量泄漏，迅速扩散后遇火源引发爆燃</td><td>立即停止作业，查明原因，进行处理</td></tr>
<tr><td>2</td><td>挖掘作业前由作业许可审批人和作业负责人共同对参与人员开展安全技术交底，明确风险和预防措施</td><td>立即停止作业，重新交底后进行作业</td></tr>
<tr><td colspan="3">二、保护系统</td></tr>
<tr><td>1</td><td>对于挖掘深度 6m 以内的作业，为防止挖掘作业面发生坍塌，应根据土质的类别设置斜坡和台阶、支撑和挡板等保护系统。对于挖掘深度超过 6m 所采取的保护系统，应由有资质的专业人员设计。
在稳固岩层中挖掘或挖掘深度小于 1.5m，且已经过施工单位技术负责人员检查，认定没有坍塌可能性时，不需要设置保护系统。作业负责人应在挖掘作业许可证上说明理由［QSY 1247—2009 5.2.1、5.2.2］</td><td>立即停工整改</td></tr>
<tr><td>2</td><td>是否根据现场土质的类型，确定斜坡或台阶的坡度允许值（高宽比）。技术负责人设计斜坡或台阶，制定施工方案，并以书面形式保存在作业现场。
表 1　土质分类及坡度允许值［QSY 1247—2009］
<table>
<tr><th rowspan="2">土质类型</th><th rowspan="2">密实度或状态</th><th colspan="2">坡度允许值（宽高比）</th></tr>
<tr><th>坡高在 5m 以内</th><th>坡高在 5～10m</th></tr>
<tr><td rowspan="3">碎石土</td><td>密实</td><td>1:0.35～1:0.50</td><td>1:0.50～1:0.75</td></tr>
<tr><td>中密</td><td>1:0.50～1:0.75</td><td>1:0.75～1:1.00</td></tr>
<tr><td>稍密</td><td>1:0.75～1:1.00</td><td>1:1.00～1:1.25</td></tr>
<tr><td rowspan="2">黏性土</td><td>坚硬</td><td>1:0.75～1:1.00</td><td>1:1.00～1:1.25</td></tr>
<tr><td>硬塑</td><td>1:1.00～1:1.25</td><td>1:1.25～1:1.50</td></tr>
</table></td><td>立即停工整改</td></tr>
</table>

常见隐患：

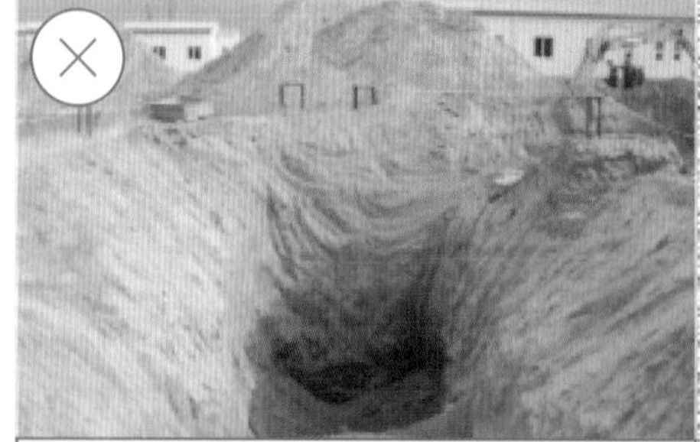
超过1.5m，未放坡也无支护系统，超过24h无临边硬护栏。挖出物距沟槽边缘小于1m，且堆积高度超过1.5m

超过1.5m，未放坡也无支护系统，超过24h无临边硬护栏

续表

序号	检 查 标 准	处 置 措 施
3	挖出物或其他物料至少应距坑、沟槽边沿 1m，堆积高度不得超过 1.5m，坡度不大于 45°，不得堵塞现场的逃生通道和消防通道。[QSY 1247—2009]	限期整改
三、进出口		
1	挖掘深度超过 1.2m 时，是否在合适的距离内提供梯子、台阶或坡道等，用于安全进出。[QSY 1247—2009 5.4.1]	限期整改
四、排水		
1	雷雨天气应停止挖掘作业，雨后复工时，应检查受雨水影响的挖掘现场，监督排水设备的正确使用。检查土壁稳定和支撑牢固情况。发现问题，要及时采取措施，防止骤然崩塌。[QSY 1247—2009 5.5.1]	限期整改
五、危险性气体环境		
1	对深度超过 1.2m，可能存在危险性气体的挖掘现场，应进行气体检测，必要时执行《进入受限空间作业规定》。[QSY 1247—2009 5.6.1]	立即停工整改
六、标识与警示		
1	采用机械设备挖掘时，应确认活动范围内没有障碍物（如架空线路）。[QSY 1247—2009 5.7.1]	立即停工
2	挖掘作业现场应设置护栏和明显的警示标志。夜间应悬挂红灯警示。[QSY 1247—2009 5.7.2]	限期整改
3	挖掘作业如果阻断道路，应设置明显的警示和禁行标志。[QSY 1247—2009 5.7.3]	限期整改
七、挖掘机械安全技术检查标准		
1	挖掘机作业，履带到工作面边缘的安全距离不应小于 1m。[JGJ 180—2009 3.2.3]	立即纠正并检查施工单位安全监管人员是否到位
2	两台以上推土机在同一区域作业时，两机前后距离不得小于 8m，平行时左右距离不得小于 1.5m。[JGJ 180—2009 3.2.11]	立即纠正并对工人进行教育
3	装载机在边坡、壕沟等卸料时，应有专人指挥，轮胎距沟、坑边缘的距离应不小于 1.5m，并应防止挡木阻滑。[JGJ 180—2009 3.2.18]	立即纠正并对司机进行教育
4	载重汽车卸料后，应使车厢落下复位后方可起步，不得在未落车厢的情况下行驶。[JGJ 180—2009 3.3.6] [习惯性违章特别关注，极易翻车]	立即停工，对司机进行教育
5	夯实机的扶手和操作手柄必须加装绝缘材料，操作开关必须使用定向开关，进线口必须加胶圈。[JGJ 180—2009 3.3.7]	立即停工整改
6	夯实机的电缆线不宜长于 50m，不得扭结、缠绕或张拉过紧，应保持有至少 3～4m 的余量。[JGJ 180—2009 3.3.8]	限期整改

续表

序号	检　查　标　准	处　置　措　施
7	操作人员必须戴绝缘手套、穿绝缘鞋。必须采取一人操作、一人拉线作业。[JGJ 180—2009 3.3.9]	立即整改
8	多台夯机同时作业时，其并列间距不宜小于 5m，纵列间距不宜小于 10m。[JGJ 180—2009 3.3.10]	立即整改

4.7 高处作业隐患排查

根据 JGJ 59—2011《建筑施工安全检查标准》、JGJ 80—2016《建筑施工高处作业安全技术规范》编制下述检查标准，见表 4-7。

表 4-7　　高处作业隐患排查表

序号	检　查　标　准	处　置　措　施
一、安全先决条件检查		
1	高处作业安全技术措施：施工组织设计和施工方案中是否制定了高处作业安全技术措施 [JGJ 80—2016 3.0.1]	修订施工组织设计和施工方案
2	安全防护设施检查和验收：高处作业施工前，按类别对安全防护设施进行检查、验收，验收合格后方可进行作业，并应做验收记录。[JGJ 80—2016 3.0.2]	未经验收，严禁使用
	安全防护设施定义：在高处作业中，为将危险、有害因素控制在安全范围内，以及减少、预防和消除危害所配置的设备和采取的措施。[JGJ 80—2016 2.1.11] 安全防护设施验收主要内容： （1）防护栏杆的设置与搭设。 （2）攀登与悬空作业的用具与设施搭设。 （3）防护棚的搭设。 （4）安全网的设置。 （5）安全防护设施、设备的性能与质量、所用的材料、配件的规格。 （6）操作平台与平台防护设施的搭设。 （7）设施的节点构造、材料配件的规格、材质及其与建筑物的固定、连接状况。[JGJ 80—2016 3.0.10] 安全防护设施验收资料： （1）施工组织设计中的安全技术措施或施工方案。 （2）安全防护用品用具、材料和设备产品合格证明。 （3）安全防护设施验收记录。[JGJ 80—2016 3.0.11]	
3	安全技术交底：作业前，对人员进行安全技术交底并记录	补安全技术交底，同时对施工单位进行严肃处理
4	高处作业防护用品：配备相应的高处作业安全防护用品，并正确佩戴。[JGJ 80—2016 3.0.5]	未系挂安全带，严肃处理，立即叫停，佩戴后同意恢复施工

续表

序号	检 查 标 准	处 置 措 施
5	高处落物防护：可能坠落的物料、工具都应采取防坠落措施。不得高空抛掷。[JGJ 80—2016 3.0.6]	立即整改，在未整改前不得作业
6	作业先决条件：当遇到有6级及以上强风、浓雾、沙尘暴等恶劣气候，不得进行攀登与悬空高处作业	立即停止作业，天气转好后再施工
7	安全防护设施检查和维护：设置专人负责检查和维修保养，发现隐患及时采取整改措施	提醒施工单位设置专人
8	定型化：防护栏杆应为黄黑或红白相间的条纹，盖件应为黄或红色标识	限期整改
二、临边作业 定义：在工作面边沿无围护或围护设施高度低于80cm的高处作业，包括楼板边、楼梯段边、屋面边、阳台边、各类坑、沟、槽等边沿的高处作业。		
1	**坠落高度基准面2m及以上进行临边作业时，应在临空一侧设置防护栏杆，并应采用密目式安全立网或工具式栏板封闭。**[JGJ 80—2016 4.1.1 强制性条款]	立即停工，监督其设置完成
2	临边防护设施的构造、强度是否符合规范要求。[JGJ 59—2011 高处作业检查评分表] （1）施工的楼梯口、楼梯平台和梯段边，应安装防护栏杆。外设的楼梯口、楼梯平台和梯段边还应采用密目式安全立网封闭。[JGJ 80—2016 4.1.2] （2）施工升降机、龙门架和井架物料提升机等在建筑物间设置的停层平台两侧边，应设置防护栏杆、挡脚板，并应采用密目式安全立网或工具式栏板封闭。[JGJ 80—2016 4.1.4] （3）停层平台口应设置高度不低于1.8m的楼层防护门，并应设置防外开装置。井架物料提升机通道中间，应分别设置隔离设施。[JGJ 80—2016 4.1.5] （4）防护栏杆构造：上杆距离地面1.2m，横杆间距不应大于600mm，防护立杆间距不应大于2m，挡脚板高度不应小于180mm。[JGJ 80—2016 4.3.1] （5）防护栏杆立杆底端应固定牢固。土体上固定，采用预埋或打入方式固定；在混凝土楼面、地面、屋面或墙面固定时，应将预埋件与立杆连接牢固。[JGJ 80—2016 4.3.2] （6）防护栏杆的立杆和横杆的设置、固定及连接，应确保防护栏杆在上下横杆和立杆任何部位处，均能承受任何方向1kN的外力作用。[JGJ 80—2016 4.3.4]	立即停工，监督其设置完成
常见隐患： 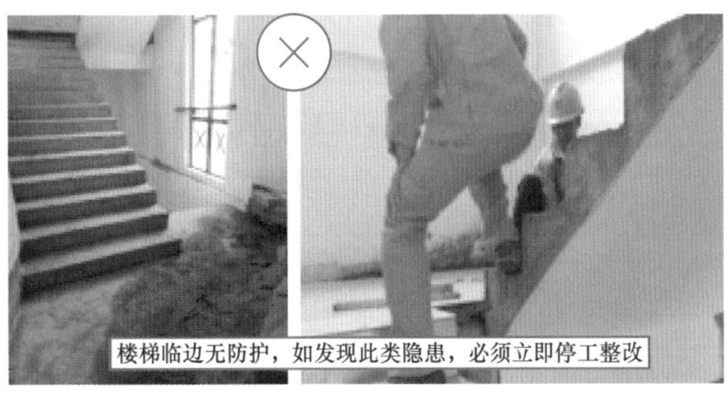 楼梯临边无防护，如发现此类隐患，必须立即停工整改		

续表

序号	检 查 标 准	处 置 措 施
三、洞口作业 定义：在地面、楼面、屋面和墙面等有可能使人和物料坠落，其坠落高度大于或等于 2m 的洞口处的高处作业。		
1	孔、洞是否采取防护措施且防护措施符合安全要求。[JGJ 59—2011 高处作业检查评分表] （1）孔、洞防护参照孔洞防护标准，原则要求牢固可靠。（25～500mm，盖板防护并牢固；500～1500mm 盖板或防护栏杆并牢固；1500mm 以上，1.2m 高防护栏杆防护并在洞口张拉安全平网）[JGJ 80—2016 4.2.1] （2）洞口盖板应能承受不小于 1k N 的集中荷载和不小于 2kN/m^2 的均布荷载。[JGJ 80—2016 4.2.4]	按风险大小，决定是立即整改还是限期整改
2	电梯井口是否设置防护门；电梯井内是否按照每隔两层且不大于 10m 设置安全平网。 电梯井口设置防护门，其高度不应小于 1.5m，防护门底端距离地面高度不应大于 50mm。[JGJ 80—2016 4.2.2]	按风险大小，决定是立即整改还是限期整改
3	洞口开启作业人员是否办理孔洞临边防护拆除许可；并按照许可要求落实了安全防护措施，含拆除作业系挂防坠落安全带，防护栏杆或盖板防坠落措施，可能坠落区域警戒	立即停工，符合条件方可复工
四、攀登作业		
1	使用单梯时梯面应与水平面成 75°夹角，踏步不得缺失，梯格间距宜为 800mm，不得垫高使用。[JGJ 80—2016 5.1.5]	立即整改
2	同一个梯子上不得两人同时作业。[JGJ 80—2016 5.1.3]	立即停工，进行教育
常见隐患：  		
3	脚手架操作层上严禁架设梯子作业。[JGJ 80—2016 5.1.3]	立即停工，进行教育
4	折梯应有整体的金属撑杆或可靠的锁定装置。[JGJ 80—2016 5.1.6] 注：标准已注明如果折梯中间的撑杆损坏，可以进行修复，只要稳固即可，不要强求买新梯	立即停工，监督其修复后方能再次使用

续表

<table>
<tr><th>序号</th><th>检 查 标 准</th><th>处 置 措 施</th></tr>
<tr><td colspan="3">常见隐患：

人字梯金属撑杆损坏</td></tr>
<tr><td>5</td><td>坠落高度超过 2m 的钢结构安装是否设置操作平台［JGJ 80—2016 5.1.9］</td><td>立即停工，必须设置操作平台方可恢复施工</td></tr>
<tr><td colspan="3">五、悬空作业
定义：在周边无人和防护设施或防护设施不能满足防护要求的临空状态下进行的高处作业。</td></tr>
<tr><td rowspan="2">1</td><td>严禁在未固定、无防护设施的构件及管道上进行作业或通行。［JGJ 80—2016 5.2.3 强制性条款］</td><td>立即停工，对施工单位进行处理，要求施工单位书面答复整改措施及原因说明</td></tr>
<tr><td colspan="2">检查标准：
（1）钢结构吊装：构件宜在地面组装，安全设施一并设置。［JGJ 80—2016 5.2.2］
（2）吊装模板及预制构件：吊装第一块预制构件或单独的大中型预制构件时，应站在作业平台上操作。［JGJ 80—2016 5.2.2］
（3）钢结构安装施工：当利用钢梁作为水平通道时，应在钢梁一侧设置连续的安全绳，安全绳宜采用钢丝绳。［JGJ 80—2016 5.2.2］
（4）当利用吊车梁等构件作为水平通道时：临空面的一侧应设置连续的栏杆等防护措施。当安全绳为钢丝绳时，自然下垂度不应大于绳长的 1/20，并不应大于 100mm。［JGJ 80—2016 5.2.4］
事件反馈：某项目一施工人员从行车车梁上违规行走，无任何防护措施的情况下发生高处坠落，致 1 人重伤。
（5）模板支撑体系的搭设和拆卸：不得在上下同一垂直面上同时装拆模板。在坠落基准面 2m 及以上高处搭设与拆除柱模板及悬挑结构的模板时，应设置操作平台。［JGJ 80—2016 5.2.5］
（6）钢筋绑扎和预应力张拉：绑扎立柱和墙体钢筋，不得沿钢筋骨架攀登或站在骨架上作业。在坠落基准面 2m 及以上高处绑扎柱钢筋和进行预应力张拉时，应搭设操作平台。［JGJ 80—2016 5.2.6］
（7）混凝土浇筑与结构施工：浇筑高度 2m 以上的混凝土结构构件时，应设置脚手架或操作平台。悬挑的混凝土梁和檐、外墙和边柱等结构施工时，应搭设脚手架或操作平台。［JGJ 80—2016 5.2.7］
（8）屋面作业：在轻质型材等屋面上作业，应搭设临时走道板，不得在轻质型材上行走，安装轻质型材板前，应采取在梁下支设安全平网或搭设脚手架等安全防护措施。［JGJ 80—2016 5.2.8］</td></tr>
</table>

续表

序号	检 查 标 准	处 置 措 施
1	（9）外墙作业时：门窗作业时，应有防坠落措施，操作人员在无安全防护措施时，不得站立在樘子、阳台栏板上作业。高处作业不得使用座板式单人吊具，不得使用自制吊篮。［JGJ 80—2016 5.2.9］［注释：目前习惯性使用座板，如不好推动，应验证防坠落措施安全绳与座板固定点必须分开使用］	
六、移动式操作平台 **定义：带脚轮或导轨，可移动的脚手架操作平台。**		
1	平台面积不宜大于 $10m^2$，高度不宜大于 5m，高宽比不应大于 2:1，施工荷载不应大于 $1.5kN/m^2$。［JGJ 80—2016 6.2.1］	立即停工，并督促施工单位整改
2	平台的轮子与平台架体连接应牢固，立柱底端离地面不得大于 80mm，行走轮和导向轮应配有制动轮或刹车闸等制动措施。［JGJ 80—2016 6.2.2］	立即停工，限期整改后恢复施工
3	移动式行走轮承载力不应小于 5kN，制动力矩不应小于 2.5N·m，移动式操作平台架体应保持垂直，不得弯曲变形，制动器除在移动情况外，均应保持制动状态。［JGJ 80—2016 6.2.3］	限期整改
4	平台移动时，平台上不得站人。［JGJ 80—2016 6.2.4］	立即停工，并进行教育
5	平台台面上跳板应满铺。［JGJ 59—2011 高处作业检查评分表］	限期整改后恢复施工
6	平台四周必须按照规定设置防护栏杆。［JGJ 59—2011 高处作业检查评分表］	立即停工，整改后恢复施工
7	应在操作平台明显位置设置标明允许负载牌及限定允许的作业人数，物料应及时转运，不得超重、超高堆放。［JGJ 80—2016 6.1.4］	限期整改
8	平台应每月不少于 1 次定期检查，专人日常维护，及时消除安全隐患。［JGJ 80—2016 6.1.5］	限期整改，明确责任人，监督其执行情况
七、落地式操作平台 **定义：从地面或楼面搭起、不能移动的操作平台，单纯进行施工作业的施工平台和可进行施工作业与承载物料的接料平台。**		
1	平台构造是否符合标准要求。［JGJ 80—2016 6.3.1］	立即停工，并限期修改，如不能修改，必须重新搭设
	检查标准： （1）操作平台高度不应大于 15m，高宽比不应大于 3:1。 （2）施工荷载不应大于 $2kN/m^2$；当接料平台的施工荷载大于 $2kN/m^2$ 时，应进行专项设计。 （3）平台与建筑物进行刚性连接或加设防倾倒措施，不得与脚手架连接。 （4）脚手架搭设的平台，要符合国家关于脚手架的安全技术要求。在立杆下部设置底座或垫板、纵向与横向扫地杆，并在外立面设置剪刀撑或斜撑。 （5）操作平台应从底层第一步水平杆起逐层设置连墙件，且连墙件间隔不应大于 4m，并应设置剪刀撑。 （6）落地式操作平台一次搭设高度不应超过相邻连墙件以上两步。［JGJ 80—2016 6.3.4］	
2	平台经验收合格方可使用	未经验收，如有人作业，立即停工，对责任人进行教育，对施工单位进行严肃处理

续表

<table>
<tr><th>序号</th><th>检 查 标 准</th><th>处 置 措 施</th></tr>
<tr><td>2</td><td colspan="2">检查标准：
（1）平台的钢管和扣件应有产品合格证。
（2）搭设前对基础进行检查，搭设中随施工进度按结构层对操作平台进行检查验收。
（3）遇 6 级以上大风、雷雨、大雪等恶劣天气及停用超过 1 个月，恢复使用前，应进行检查。[JGJ 80—2016 6.3.6]</td></tr>
<tr><td>3</td><td>应在操作平台明显位置设置标明允许负载牌及限定允许的作业人数，物料应及时转运，不得超重、超高堆放。[JGJ 80—2016 6.1.4]</td><td>限期整改</td></tr>
<tr><td>4</td><td>平台应每月不少于 1 次定期检查，专人日常维护，及时消除安全隐患。[JGJ 80—2016 6.1.5]</td><td>限期整改，明确责任人，监督其执行情况</td></tr>
<tr><td colspan="3">八、悬挑式操作平台
定义：以悬挑形式搁置或固定在建筑物结构边沿的操作平台。</td></tr>
<tr><td colspan="3">图示：
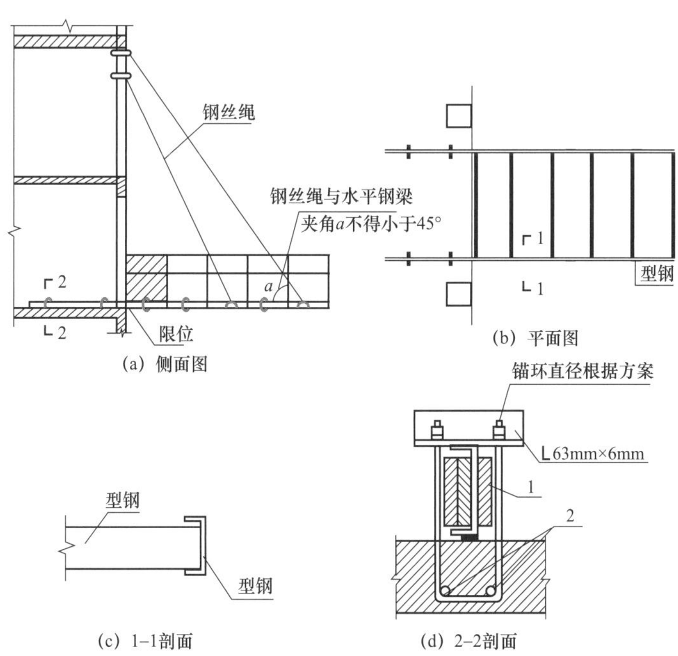

(a) 侧面图　(b) 平面图
(c) 1–1剖面　(d) 2–2剖面
图 C.0.1-1　斜拉方式的悬挑式操作平台示意图（JGJ 80—2016 附录 C）
1—木楔侧向揳紧；2—两根 1.5m 长直径 18mm 的 HRB400 钢筋</td></tr>
<tr><td rowspan="2">1</td><td>平台是否符合标准规定。</td><td>立即停工，对施工单位进行严肃处理，督促其遵照标准要求重新修改或搭设</td></tr>
<tr><td colspan="2">检查标准：
（1）操作平台的搁置点、拉结点、支撑点应设置在稳定的主体结构上，且应可靠连接。
（2）严禁将平台设置在临时设施上。
（3）操作平台的结构应稳定可靠，承载力应符合设计要求。[JGJ 80—2016 6.4.1 强制性条款]</td></tr>
</table>

续表

序号	检 查 标 准	处 置 措 施
2	斜拉式操作平台：平台两侧的连接吊环是否与前后两道斜拉钢丝绳连接。[JGJ 80—2016 6.4.3]	立即整改，整改前不能上人
3	支承式的操作平台：在钢平台下方是否设置不少于两道的斜撑，斜撑的一端应支承在钢平台主结构钢梁下，另一端应支承在建筑物主体结构。[JGJ 80—2016 6.4.4]	立即整改，整改前不能上人
4	悬挑梁式平台：应采用型钢制作悬挑梁或悬挑桁架，不得使用钢管，其节点应采用螺栓或焊接的刚性节点。当平台板上的主梁采用与主体结构预埋件焊接时，预埋件、焊缝应经设计计算。[JGJ 80—2016 6.4.5]	立即整改，整改前不能上人
5	平台的安装是否符合标准要求	立即停工，限期整改，整改完成前不得使用
	检查标准： （1）平台应设置4个吊环，吊运时应使用卡环，不得使吊钩直接钩挂吊环。[JGJ 80—2016 6.4.6] （2）平台安装时，钢丝绳应采用专用的钢丝绳夹连接，钢丝绳夹数量应与钢丝绳直径相匹配，且不得少于4个。[JGJ 80—2016 6.4.7] （3）平台的外侧应略高于内侧，外侧安装防护栏杆并应设置防护挡板全封闭。[JGJ 80—2016 6.4.8]	
6	人员不得在悬挑式操作平台吊运、安装时上下	立即停工，对施工单位进行严肃处理
7	应在操作平台明显位置设置标明允许负载牌及限定允许的作业人数，物料应及时转运，不得超重、超高堆放。[JGJ 80—2016 6.1.4]	限期整改
8	平台应每月不少于1次定期检查，专人日常维护，及时消除安全隐患。[JGJ 80—2016 6.1.5]	限期整改，明确责任人，监督其执行情况
9	平台是否经验收合格	未经验收严禁使用
九、交叉作业		
1	下层作业位置是否处于上层作业的坠落半径之外。[JGJ 80—2016 7.1.1]	应停止作业，并协调双方暂停一方作业或者移动到坠落半径之外
2	安全防护棚和警戒隔离区的范围是否大于坠落半径。[JGJ 80—2016 7.1.2]	涉及安全防护棚，限期对安全防护棚进行修改。 涉及警戒隔离区，应立即暂停作业，设立好隔离区后再进行施工

续表

序号	检 查 标 准	处 置 措 施
坠落半径：		

表 7.1.1　　坠落半径（JGJ 80—2016）

序号	上层作业高度 h_b	坠落半径（m）
1	$2 \leqslant h_b \leqslant 5$	3
2	$5 \leqslant h_b \leqslant 15$	4
3	$15 \leqslant h_b \leqslant 30$	5
4	$h_b > 30$	6

序号	检 查 标 准	处 置 措 施
3	处于起重机臂架回转范围内的通道是否搭设安全防护棚。［JGJ 80—2016 7.1.3］	限期整改
4	不得在安全防护棚顶堆放物料。［JGJ 80—2016 7.1.5］	限期整改
十、防护棚		
1	安全防护棚搭设是否符合规定	限期整改
	检查标准： 安全防护棚搭设应符合下列规定： （1）当安全防护棚为非机动车车辆通行时，棚底至地面高度不应小于 3m；当安全防护棚为机动车辆通行时，棚底至地面高度不应小于 4m。 （2）当建筑物高度大于 24m 并采用木质板搭设时，应搭设双层安全防护棚。两层防护的间距不应小于 700mm，安全防护棚的高度不应小于 4m。 （3）当安全防护棚的顶棚采用竹笆或木质板搭设时，应采用双层搭设，间距不应小于 700mm；当采用木质板或与其等强度的其他材料搭设时，可采用单层搭设，木板厚度不应小于 50mm。防护棚的长度应根据建筑物的高度与可能坠落半径确定。［JGJ 80—2016 7.2.1］	

4.8 自卸汽车隐患排查

根据 JGJ 33—2012《建筑机械使用安全技术规程》、JGJ 160—2016《施工现场机械设备检查技术规范》编制下述检查标准，见表 4-8。

表 4-8　　自卸汽车隐患排查表

序号	检 查 标 准	处 置 措 施
通用基本要求		
1	自卸车需要有驾驶证。 操作人员必须体检合格，无妨碍作业的疾病和生理缺陷，经过专业培训、考核合格取得操作证后，并经过安全技术交底，方可持证上岗。［JGJ 33—2012 2.0.1］	自卸车无驾驶证，停止作业，将人员清退出场。 单斗式挖掘机无培训、授权，停止其作业，更换资质符合要求的操作人员

续表

序号	检 查 标 准	处 置 措 施
2	机械必须按照出厂使用说明书规定的技术性能、承载能力和使用条件，正确操作，合理使用，严禁超载、超速作业或任意扩大使用范围。[JGJ 33—2012 2.0.2]	
3	机械上的各种安全防护及保险装置和各种安全信息装置必须齐全有效。[JGJ 33—2012 2.0.3]	禁止入场或停止作业，维修或更换设备，保证安全装置齐全有效
4	在工作中操作人员和配合作业人员必须按规定穿戴劳动保护用品，长发应束紧不得外露。[JGJ 33—2012 2.0.6]	暂停作业，按规定穿戴劳动保护用品
一、一般规定		
1	自卸车应外观整洁，牌号必须清晰完整。[JGJ 33—2012 6.1.2]	禁止入场或清退出场。尤其要辨别是否为报废车辆
2	启动前应重点检查以下项目，并应符合下列要求： （1）车辆的各总成、零件、附件应按规定装配齐全，不得有脱焊、裂缝等缺陷；螺栓、铆钉连接紧固不得松动、缺损。 （2）各润滑装置齐全，过滤清洁有效。 （3）离合器结合平稳、工作可靠、操作灵活，踏板行程符合有关规定。 （4）制动系统各部件连接可靠，管路畅通。 （5）灯光、喇叭、指示仪表等应齐全完整。 （6）轮胎气压应符合要求。 （7）燃油、润滑油、冷却水等应添加充足。 （8）燃油箱应加锁。 （9）无漏水、漏油、漏气、漏电现象。[JGJ 33—2012 6.1.3]	禁止入场或停止作业，维修或更换设备至满足国标要求
3	严禁车厢载人。[JGJ 33—2012 6.1.6]	暂停作业，车厢所载乘人员下车
4	严禁超速行驶。应根据车速与前车保持适当的安全距离，进入施工现场应沿规定的路线，选择较好路面行进，并应避让石块、铁钉或其他尖锐铁器。遇有凹坑、明沟或穿越铁路时，应提前减速，缓慢通过。[JGJ 33—2012 6.1.10]	停止超速行为，对超速车辆进行处罚
5	在坡道上停放时，下坡停放应挂上倒挡，上坡停放应挂上一挡，并应使用三角木楔等塞紧轮胎。[JGJ 33—2012 6.1.16]	要求驾驶员整改，并备用三角木楔
6	平头型驾驶室需前倾时，应清除驾驶室内物件，关紧车门，方可前倾并锁定。复位后，应确认驾驶室已锁定，方可起动。[JGJ 33—2012 16.1.17]	暂时停止作业，锁定驾驶室
二、专有规定		
1	自卸汽车应保持顶升液压系统完好，工作平稳。操纵灵活，不得有卡阻现象。各节液压缸表面应保持清洁。[JGJ 33—2012 6.3.1]	暂时停止作业，顶升液压系统缺陷整改完毕后方可继续作业

续表

序号	检 查 标 准	处 置 措 施
2	非顶升作业时，应将顶升操纵杆放在空挡位置。顶升前，应拔出车厢固定锁。作业后，应插入车厢固定锁。固定锁应无裂纹，且插入或拔出灵活、可靠。在行驶过程中车厢挡板不得自行打开。[JGJ 33—2012 6.3.2]	发现违规作业时，待作业间隙叫停，并确保自身安全的情况下对操作员做出整改教育提醒，包括违规作业、车辆缺陷整改要求；必要时可要求承包商对车辆操作员停工培训
3	配合挖掘机、装载机装料时，自卸汽车就位后应拉紧手制动器，在铲斗需越过驾驶室时，驾驶室内严禁有人。[JGJ 33—2012 6.3.3]	暂停作业，驾驶室人员下车，待装载完成后再进入驾驶室操作
4	卸料前，应听从现场专业人员指挥。在确认车厢上方无电线或障碍物，四周无人员来往后将车停稳，举升车厢时，应控制内燃机中速运转，当车厢升到顶点时，应降低内燃机转速，减少车厢振动。不得边卸边行驶。[JGJ 33—2012 6.3.4]	发现违规作业时，待作业间隙叫停，并确保自身安全的情况下对操作员做出整改教育要求；必要时可要求承包商对车辆操作员停工培训
5	向坑洼地区卸料时，应和坑边保持安全距离，防止塌方翻车。严禁在斜坡侧向倾卸。[JGJ 33—2012 6.3.5]	发现违规作业时，待作业间隙叫停，并确保自身安全的情况下对操作员做出整改教育要求；必要时可要求承包商对车辆操作员停工培训
6	卸完料并及时使车厢复位后，方可起步。不得在车厢倾斜的举升状态下行驶。[JGJ 33—2012 6.3.6]	发现违规作业时，立即叫停，并确保自身安全的情况下对操作员做出整改教育要求；必要时可要求承包商对车辆操作员停工培训
7	自卸汽车严禁装运爆破器材。[JGJ 33—2012 6.3.7]	停止违章行为
8	车厢举升后需要进行检修、润滑等作业时，应将车厢支撑牢靠后，方可进入车厢下面工作。[JGJ 33—2012 6.3.8]	停止违章行为，做好安全防护后方可继续车辆维保作业

标准图示：

续表

序号	检 查 标 准	处 置 措 施
9	装运混凝土或黏性物料后，应将车厢内外清洗干净，防止凝结在车厢上。［JGJ 33—2012 6.3.9］	要求承包商针对车辆文明施工制定控制措施，落实车辆文明施工控制要求（包括车辆清洗、车辆散落物清扫等）
10	自卸汽车装运散料时，应有防止散落的措施。［JGJ 33—2012 6.3.10］	要求承包商针对车辆文明施工制定控制措施，落实车辆文明施工控制要求（包括车辆清洗、车辆散落物清扫等）

4.9 单斗挖掘机隐患排查

根据 JGJ 33—2012《建筑机械使用安全技术规程》、JGJ 160—2016《施工现场机械设备检查技术规范》编制下述检查标准，见表 4-9。

表 4-9　　单斗挖掘机隐患排查表

序号	检 查 标 准	处 置 措 施
第一部分：通用基本要求		
1	单斗挖掘机企业内部培训、授权。 操作人员必须体检合格，无妨碍作业的疾病和生理缺陷，经过专业培训、考核合格取得操作证后，并经过安全技术交底，方可持证上岗。［JGJ 33—2012 2.0.1］	自卸车无驾驶证，停止作业，将人员清退出场。 单斗式挖掘机无培训、授权，停止其作业，更换资质符合要求的操作人员
2	机械必须按照出厂使用说明书规定的技术性能、承载能力和使用条件，正确操作，合理使用，严禁超载、超速作业或任意扩大使用范围。［JGJ 33—2012 2.0.2］	
3	机械上的各种安全防护及保险装置和各种安全信息装置必须齐全有效。［JGJ 33—2012 2.0.3］	禁止入场或停止作业，维修或更换设备，保证安全装置齐全有效
4	在工作中操作人员和配合作业人员必须按规定穿戴劳动保护用品，长发应束紧不得外露。［JGJ 33—2012 2.0.6］	暂停作业，按规定穿戴劳动保护用品
第二部分：单斗挖掘机		
一、一般规定		
1	作业前，应查明施工场地明、暗设置物（电线、地下电缆、管道、坑道等）的地点及走向，并采用明显记号标示。严禁在离电缆、煤气管道 1m 距离以内进行大型机械作业。［JGJ 33—2012 5.1.4］	停止作业，保证机械在安全距离以外方可进行作业。对承包商进行处理

续表

<table>
<tr><th>序号</th><th>检 查 标 准</th><th>处 置 措 施</th></tr>
<tr><td>2</td><td>机械不得靠近架空输电线路作业，并应按照本规程的规定留出安全距离。[JGJ 33—2012 5.1.8]</td><td>停止作业，保证机械在安全距离以外方可进行作业。对承包商进行处理</td></tr>
<tr><td>3</td><td>在施工中遇下列情况之一时应立即停工，待符合作业安全条件时，方可继续施工：
（1）填挖区土体不稳定、有坍塌可能；
（2）地面涌水冒浆，出现陷车或因雨发生坡道打滑；
（3）发生大雨、雷电、浓雾、水位暴涨及山洪暴发等情况；
（4）施工标志及防护设施被损坏；
（5）工作面净空不足以保证安全作业；
（6）出现其他不能保证作业和运行安全的情况。[JGJ 33—2012 5.1.9]</td><td>停止作业，满足机械安全作业条件后方可继续作业</td></tr>
<tr><td>4</td><td>配合机械作业的清底、平地、修坡等人员，应在机械回转半径以外工作。当必须在回转半径以内工作时，应停止机械回转并制动好后，方可作业。当机械需回转工作时，机械操作人员应确认其回转半径内无人时，方可进行回转作业。[JGJ 33—2012 5.1.10]</td><td>停止作业，回转半径内人员撤离后方可继续作业（或根据要求已确认停止机械回转并制动）</td></tr>
<tr><td colspan="3">常见隐患：

机械回转半径内严禁站人</td></tr>
<tr><td>5</td><td>机械作业不得破坏基坑支护系统。[JGJ 33—2012 5.1.13]</td><td>停止作业，修复基坑支护系统后方可继续作业</td></tr>
<tr><td>6</td><td>在行驶或作业中，除驾驶室外，土方机械任何地方均严禁乘坐或站立人员。[JGJ 33—2012 5.1.14]</td><td>停止作业，违规站立人员撤离后方可继续作业</td></tr>
<tr><td colspan="3">二、专有规定</td></tr>
<tr><td>1</td><td>单斗挖掘机的作业和行走场地应平整坚实，对松软地面应垫以枕木或垫板，沼泽地区应先作路基处理，或更换湿地专用履带板。[JGJ 33—2012 5.2.1]</td><td>停止作业，待行走场地缺陷整改完成后继续作业或行走</td></tr>
<tr><td>2</td><td>作业前重点检查项目应符合下列要求：
（1）照明、信号及报警装置等齐全有效；
（2）燃油、润滑油、液压油符合规定；
（3）各铰接部分连接可靠；
（4）液压系统无泄漏现象；
（5）轮胎气压符合规定。[JGJ 33—2012 5.2.3]</td><td>作业前发现缺陷，必须在完维修后方可继续作业。
作业中发现缺陷，必须停止作业，确保缺陷完成维修后方可继续作业</td></tr>
</table>

续表

<table>
<tr><th>序号</th><th>检　查　标　准</th><th>处　置　措　施</th></tr>
<tr><td>3</td><td>工作装置应符合下列规定：
（1）动臂、斗杆和铲斗不应有变形、裂纹和开焊；
（2）斗齿应齐全、完整，不应松动；
（3）动臂、斗杆和铲斗的连接轴销应润滑良好，轴销固定应牢靠。［JGJ 160—2016 5.3.5］</td><td>作业前发现缺陷，必须在完成维修后方可继续作业。
作业中发现缺陷，必须停止作业，确保缺陷完成维修后方可继续作业</td></tr>
<tr><td colspan="3">常见隐患：
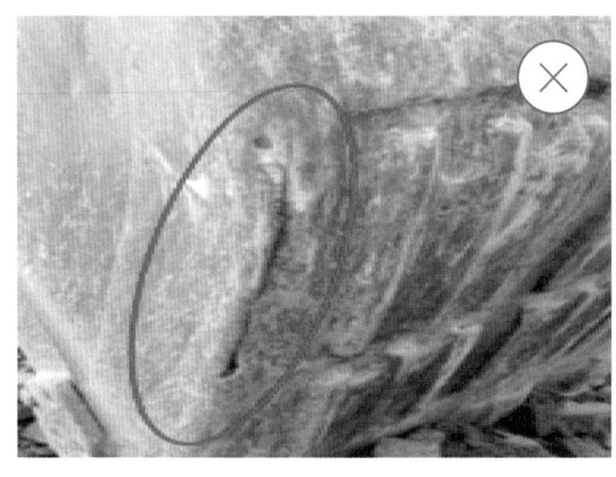</td></tr>
<tr><td>4</td><td>作业时，挖掘机应保持水平位置，将行走机构制动住，并将履带或轮胎揳紧。［JGJ 33—2012 5.2.6］</td><td>发现违规作业时，待作业间隙叫停，并确保自身安全的情况下对操作员作出整改教育要求；必要时可要求承包商对机械操作员停工培训</td></tr>
<tr><td>5</td><td>挖掘机作业时，除松散土壤外，其最大开挖高度和深度，不应超过机械本身性能规定。在拉铲或反铲作业时，履带距工作面边缘距离应大于 1.0m，轮胎距工作面边缘距离应大于 1.5m。［JGJ 33—2012 5.2.9］</td><td>停止作业，排除隐患后继续作业</td></tr>
<tr><td>6</td><td>在坑边进行挖掘作业，当发现有塌方危险时，应立即处理或将挖掘机撤至安全地带。作业面不得留有伞沿及松动的大块石。［JGJ 33—2012 5.2.11］</td><td>停止作业，排除隐患后继续作业</td></tr>
<tr><td>7</td><td>作业时，应待机身停稳后再挖土，当铲斗未离开工作面时，不得作回转、行走等动作。回转制动时，应使用回转制动器，不得用转向离合器反转制动。［JGJ 33—2012 5.2.12］</td><td rowspan="4">发现违规作业时，待作业间隙叫停，并确保自身安全的情况下对操作员作出整改教育要求；必要时可要求承包商对机械操作员停工培训</td></tr>
<tr><td>8</td><td>作业时，各操纵过程应平稳，不宜紧急制动。铲斗升降不得过猛，下降时，不得撞碰车架或履带。［JGJ 33—2012 5.2.13］</td></tr>
<tr><td>9</td><td>向运土车辆装车时，应降低挖铲斗卸落高度，不得偏装或砸坏车厢。回转时严禁铲斗从运输车驾驶室顶上越过。［JGJ 33—2012 5.2.15］</td></tr>
<tr><td>10</td><td>反铲作业时，斗臂应停稳后再挖土。挖土时，斗柄伸出不宜过长，提斗不得过猛。［JGJ 33—2012 5.2.20］</td></tr>
</table>

续表

序号	检 查 标 准	处 置 措 施
11	作业中，履带式挖掘机作短距离行走时，主动轮应在后面，斗臂应在正前方与履带平行，制动住回转机构，铲斗应离地面 1m。上、下坡道不得超过机械本身允许最大坡度，下坡应慢速行驶。不得在坡道上变速和空挡滑行。[JGJ 33—2012 5.2.21]	发现违规作业时，待作业间隙叫停，并确保自身安全的情况下对操作员作出整改教育要求；必要时可要求承包商对机械操作员停工培训
12	履带式挖掘机转移工地应采用平板拖车装运。短距离自行转移时，应低速缓行。[JGJ 33—2012 5.2.25]	
13	利用铲斗将底盘顶起进行检修时，应使用垫木将抬起的履带或轮胎垫稳，并用木楔将落地履带或轮胎揳牢，然后将液压系统卸荷，否则严禁进入底盘下工作。[JGJ 33—2012 5.2.27]	停止检修工作，增加垫木和木楔，液压系统卸荷后方可进入底盘下工作

4.10 钢筋加工机械隐患排查

根据 JGJ 59—2011《建筑施工安全检查标准》、JGJ 160—2016《施工现场机械设备检查技术规范》、JGJ 33—2012《建筑机械使用安全技术规程》等编制下述检查标准，见表 4-10。

表 4-10　　钢筋加工机械隐患排查表

序号	检 查 标 准	处 置 措 施
第一部分：一般规定		
一、整机应符合下列规定 [JGJ 160—2016 11.1.1]		
1	机械的安装应坚实稳固，应采用防止设备意外移位的措施	停止作业，限期固定，在未固定前不得使用
2	机身不应有破损、断裂及变形	酌情要求停止作业并限期改进
3	金属结构不应有开焊、裂纹	酌情要求退场或限期整改
4	各部位连接应牢固	停止作业并立即整改
5	零部件应完整，随机附件应齐全	停止作业，进行维修
6	外观应清洁，不应有油垢和锈蚀	限期清洁及保养
7	操作系统应灵敏可靠，各仪表指示数据应准确	限期整改
8	传动系统运转应平稳，不应有异常冲击、振动、爬行、窜动、噪声、超温、超压	立即停止作业进行检修
二、安全防护应符合下列规定 [JGJ 160—2016 11.1.2]		
1	安全防护装置应齐全可靠，防护罩或防护板安装应牢固，不应破损	停止作业，限期整改，在未整改前不得使用

续表

序号	检　查　标　准	处　置　措　施
2	接零应符合用电规定，接地电阻不应大于 4Ω	限期整改
3	漏电保护器参数应匹配，安装应正确，动作应灵敏可靠，电气保护装置应齐全有效。 ［JGJ 46—2005 8.2.10　开关箱中漏电保护器的额定漏电动作电流不应大于 30mA，额定漏电动作时间不应大于 0.1s。］	限期整改
4	机械齿轮、皮带轮等高速运转部分，必须安装防护罩或防护板	立即停止作业并整改，在未整改前不得使用
第二部分：钢筋调直机		
1	传动系统应符合下列规定： （1）传动机构运转应平稳，不应有异响，传动齿轮及花键轴不应有断齿、啃齿、裂纹及表面脱落。 （2）传动皮带数量应齐全，不应有破损、断裂，松紧度应适宜。［JGJ 160—2016 11.2.1］	限期整改
2	调直系统及牵引和落料机构应符合下列规定： （1）调直筒、轴不应有弯曲、裂纹和轴销磨损等，料架料槽应平直，应对准导向筒、调直筒和下刀切孔的中心线。 （2）自动落料机构开闭应灵活，落料应准确，落料架各部件连接应牢固。 （3）牵引轮工作应有效，调节机构应灵敏，滑块移动不应有卡阻。 （4）调节螺母、回位弹簧和链轮机构应灵敏可靠。［JGJ 160—2016 11.2.2］	限期整改
第三部分：钢筋切断机［JGJ 160—2016 11.3.1］		
1	传动机构应运转平稳，不应有异响，曲轴、连杆不应有裂纹、扭曲	立即整改
2	开式传动齿轮齿面不应有裂纹、点蚀和变形，啮合应良好，磨损量不应超过齿厚的 25%，滑动轴承不应有刮伤、烧蚀，径向磨损不应大于 0.5mm	立即整改
3	滑块与导轨纵向游动间隙应小于 0.5mm，横向间隙应小于 0.2mm	立即整改
4	刀具安装牢固不应松动，刀口不应有缺损、裂纹，衬刀和冲切间隙应正常，剪切道具与被剪材料应匹配	限期整改
5	切断短料时，手和切刀之间的距离应大于 150mm，并应采用套管或夹具将切断的短料压住或夹牢。［JGJ 33—2012 9.3.7］	立即停工改正并进行教育
6	机械运转中，不得用手直接清除切刀附近的断头和杂物，在钢筋摆动范围和机械周围，非操作人员不得停留	进行安全教育
第四部分：钢筋弯曲机		
1	工作台和弯曲机台面应保持水平，传动齿轮啮合应良好，位置不应偏移	限期整改

续表

序号	检 查 标 准	处 置 措 施
2	芯轴、成型轴、挡铁轴和轴套应完整，安装应牢固，工作台转动应灵活，不应有卡阻	立即整改
3	芯轴和成型轴、挡铁轴的规格与加工钢筋的直径和弯曲半径应相适应，芯轴直径应为钢筋直径的2.5倍，挡铁轴应有轴套	立即整改
4	芯轴、挡铁轴、转盘等不应有裂纹和损伤，防护罩应坚固可靠	立即整改

4.11 圆盘锯隐患排查

根据JGJ 33—2012《建筑机械使用安全技术规程》编制下述检查标准，见表4-11。

表4-11　　圆盘锯隐患排查表

序号	检查标准	处 置 措 施
1	**木工圆锯机上的旋转锯片必须设置防护罩**。［JGJ 33—2012 10.3.1 强制性条文］	限期整改
常见隐患： 	标准图示： 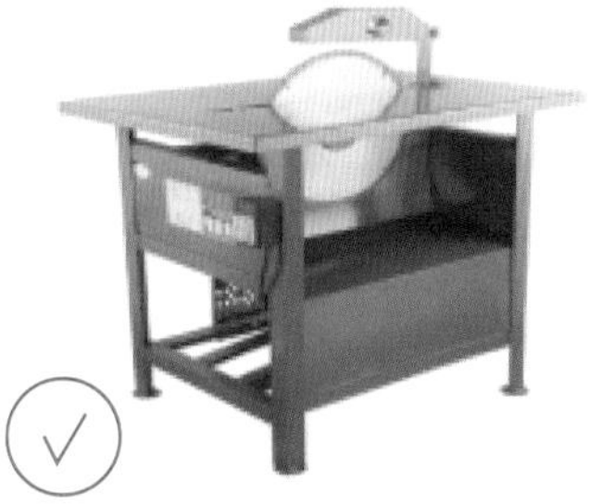	
2	安装锯片时，锯片应与轴同心，夹持锯片的法兰盘直径应为锯片直径的1/4。［JGJ 33—2012 10.3.2］	停工整改
3	锯片不得有裂纹。锯片不得有连续2个及以上的缺齿。［JGJ 33—2012 10.3.3］	更换锯片
4	被锯木料的长度不应小于500mm。作业时，锯片应露出木料10～20mm。［JGJ 33—2012 10.3.4］	批评教育
5	送料时，不得将木料左右晃动或抬高；遇木节时，应缓慢送料，接近端头时，应采用推棍送料。［JGJ 33—2012 10.3.5］	批评教育，督促整改
6	当锯线走偏时，应逐渐纠正，不得猛扳，以防止损坏锯片。［JGJ 33—2012 10.3.6］	立即整改
7	作业时，操作人员应戴防护眼镜，手臂不得跨越锯片，人员不得站在锯片的旋转方向。［JGJ 33—2012 10.3.7］	批评教育，推动整改。将违章行为在班前会上宣贯，同时通知施工单位对工人进行批评教育

4.12 混凝土泵车隐患排查

根据 JGJ 33—2012《建筑机械使用安全技术规程》编制下述检查标准，见表 4-12。

表 4-12 混凝土泵车隐患排查表

序号	检 查 标 准	处 置 措 施
1	混凝土泵车应停放在平整坚实的地方，与沟槽和基坑的安全距离应符合使用说明书的要求。臂架回转范围不得有障碍物，与输电线路的安全距离应符合现行行业标准 JGJ 46《施工现场临时用电安全技术规范》的有关规定。[JGJ 33—2012 8.5.1]	停工整改
2	混凝土泵车作业前，应将支腿打开，并应采用垫木垫平，车身的倾斜度不应大于 3。[JGJ 33—2012 8.5.2]	停工整改
3	作业前应重点检查： （1）安全装置齐全有效，仪表应指示正常； （2）液压系统、工作机构应运转正常； （3）料斗网格应完好牢固； （4）软管安全链与臂架连接应牢固。[JGJ 33—2012 8.5.3]	停工整改
4	伸展布料杆应按出厂说明书的顺序进行。布料杆在升离支架前不得回转。不得用布料杆起吊或拖拉物件。[JGJ 33—2012 8.5.4]	批评教育
5	当布料杆处于全伸状态时，不得移动车身。当需要移动车身时，应将上段布料杆折叠固定，移动速度不得超过 10km/h。[JGJ 33—2012 8.5.5]	停工，批评教育
6	不得接长布料配管和布料软管。[JGJ 33—2012 8.5.6]	限期整改

4.13 插入式振捣器隐患排查

根据 JGJ 33—2012《建筑机械使用安全技术规程》编制下述检查标准，见表 4-13。

表 4-13 插入式振捣器隐患排查表

序号	检 查 标 准	处 置 措 施
1	作业前应检查电动机、软管、电缆线、控制开关等，并应确认完好状态。电缆连接应正确。[JGJ 33—2012 8.6.1]	
2	操作人员作业时应穿戴符合要求的绝缘鞋和绝缘手套 [JGJ 33—2012 8.6.2]	

续表

<table>
<tr><th>序号</th><th>检 查 标 准</th><th>处 置 措 施</th></tr>
<tr><td colspan="3">常见隐患：

标准图示：
</td></tr>
<tr><td>3</td><td>电缆线应采用耐候型橡皮护套铜芯软电缆，并不得有接头。[JGJ 33—2012 8.6.3]</td><td></td></tr>
<tr><td>4</td><td>电缆线长度不应大于 30m。不得缠绕、扭结和挤压，并不得承受任何外力。[JGJ 33—2012 8.6.4]
外壳应做保护接零，并应安装动作电流不大于 15mA、动作时间小于 0.1s 的漏电保护器</td><td></td></tr>
<tr><td>5</td><td>振捣器软管的弯曲半径不得小于 500mm，操作时应将振捣器垂直插入混凝土，深度不宜超过 600mm。[JGJ 33—2012 8.6.5]</td><td></td></tr>
<tr><td>6</td><td>振捣器不得在初凝的混凝土、脚手板和干硬的地面上进行试振。在检修或作业间断时，应切断电源。[JGJ 33—2012 8.6.6]</td><td></td></tr>
<tr><td>7</td><td>作业完毕，应切断电源，并应将电动机、软管及振动棒清理干净。[JGJ 33—2012 8.6.7]</td><td></td></tr>
</table>

4.14 冲孔灌注桩机隐患排查

根据现场实际情况编制下述检查标准，见表 4-14。

表 4-14 冲孔灌注桩机隐患排查表

序号	检 查 标 准	处 置 措 施
1	现场是否有冲孔灌注桩机安全操作规程	限期整改
2	电缆是否有破损，电缆过道路是否有保护措施	立即停工并整改
3	承包商是否组织对机器开展检查、维护工作	限期整改，对承包商发文通报
4	检查钢丝绳是否有断丝、断股、锈蚀、变形等符合钢丝绳报废标准的现象	立即停工并更换
5	卷筒上的钢丝绳是否排列整齐，是否有泥沙等杂物	限期整改

续表

<table>
<tr><th>序号</th><th>检 查 标 准</th><th>处 置 措 施</th></tr>
<tr><td colspan="3">常见隐患：

卷筒上钢丝绳排列不整齐</td></tr>
<tr><td>6</td><td>制动装置刹车片与制动轮距离应均匀一致，刹车片后续无明显变薄。
刹车弹簧锈蚀量不超过 20%，螺栓紧固无松动</td><td>立即停止作业并整改</td></tr>
<tr><td colspan="3">常见隐患：

刹车片左右厚度不一致，螺栓已掉落，有桩锤掉落风险

刹车连接杆螺栓掉落</td></tr>
</table>

参 考 文 献

[1] 宁波海事局. 国内航行海船安全检查指导书（第 2 版）. 北京：人民交通出版社，2019.